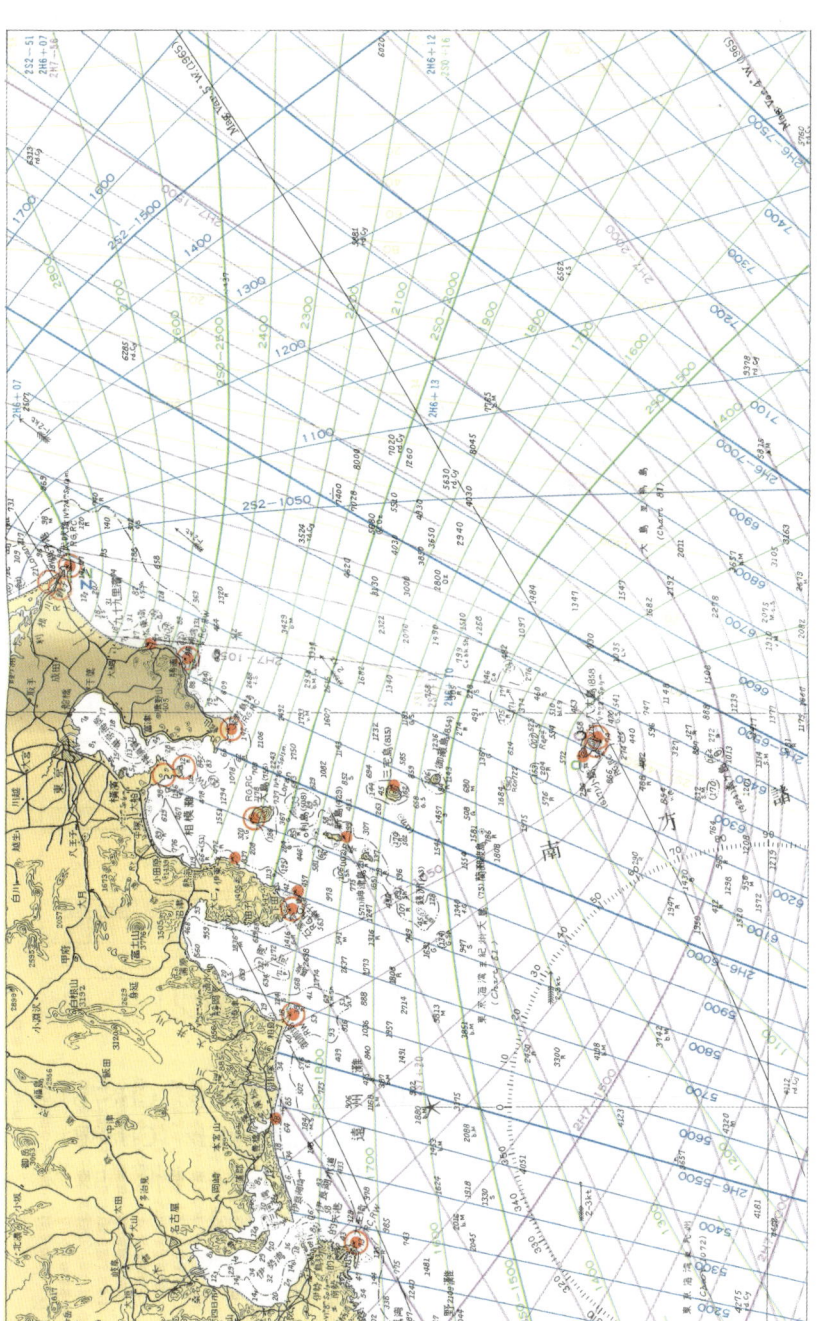

口絵1 双曲線航法で観測位置を求めるための専用チャート（p.25 図2.3）

ロラン海図（L 第1005号の一部）

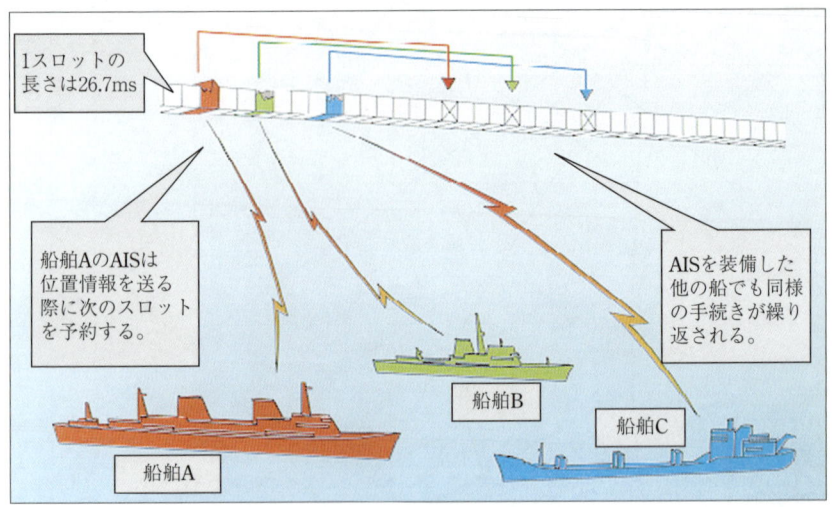

口絵2　SOTDMAの原理（p.86　図5.1）

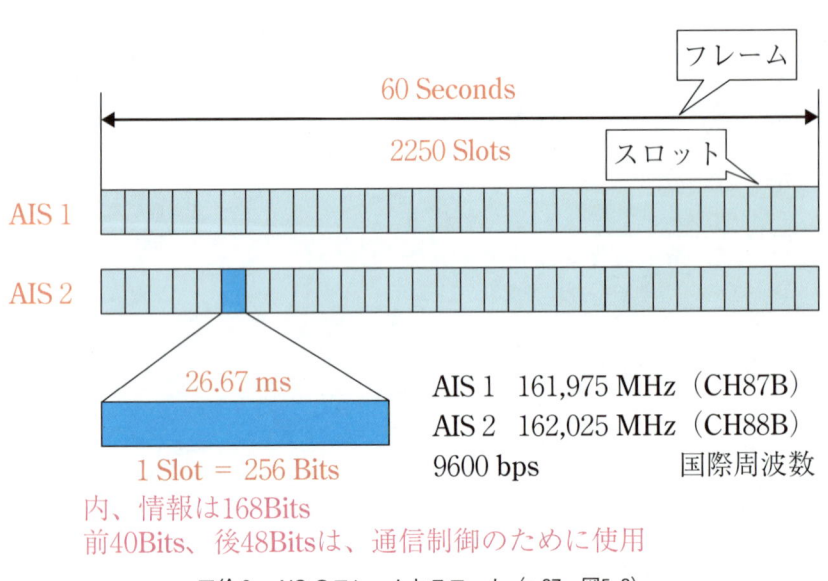

口絵3　AISのフレームとスロット（p.87　図5.2）

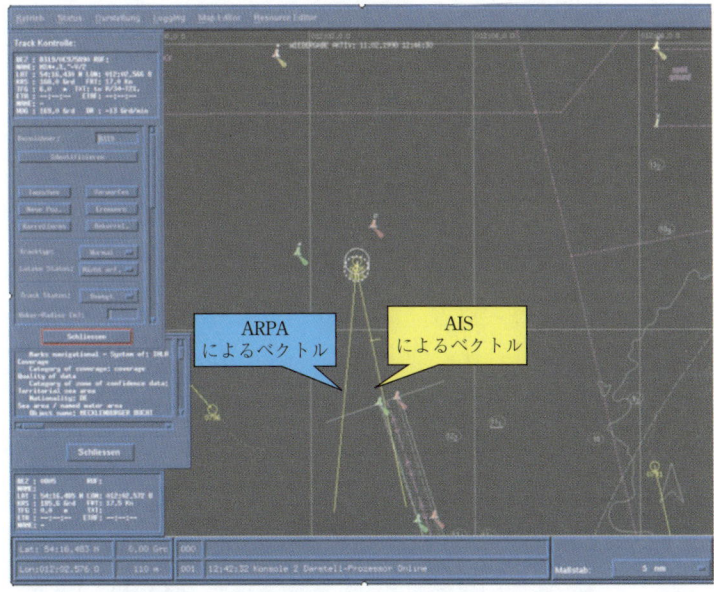

口絵4 レーダ/ARPAとAISの表示例（p.89 図5.3）

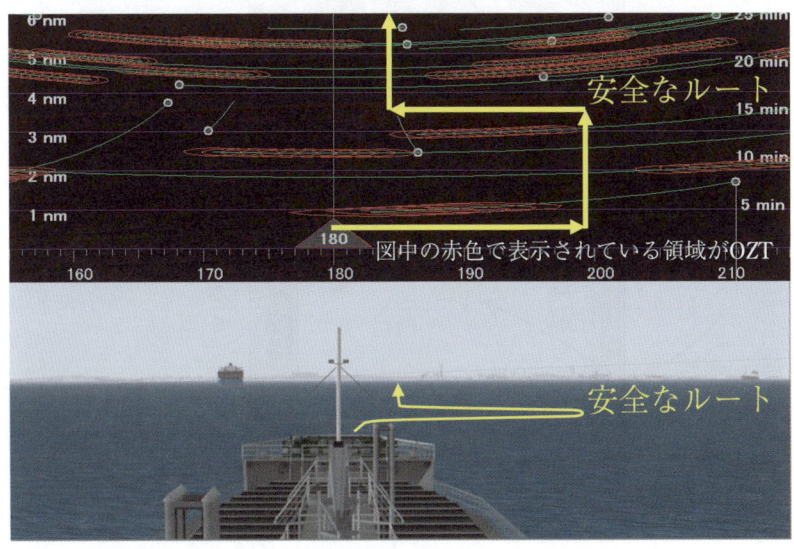

口絵5 INT-NAVの表示例（p.94 図5.6）

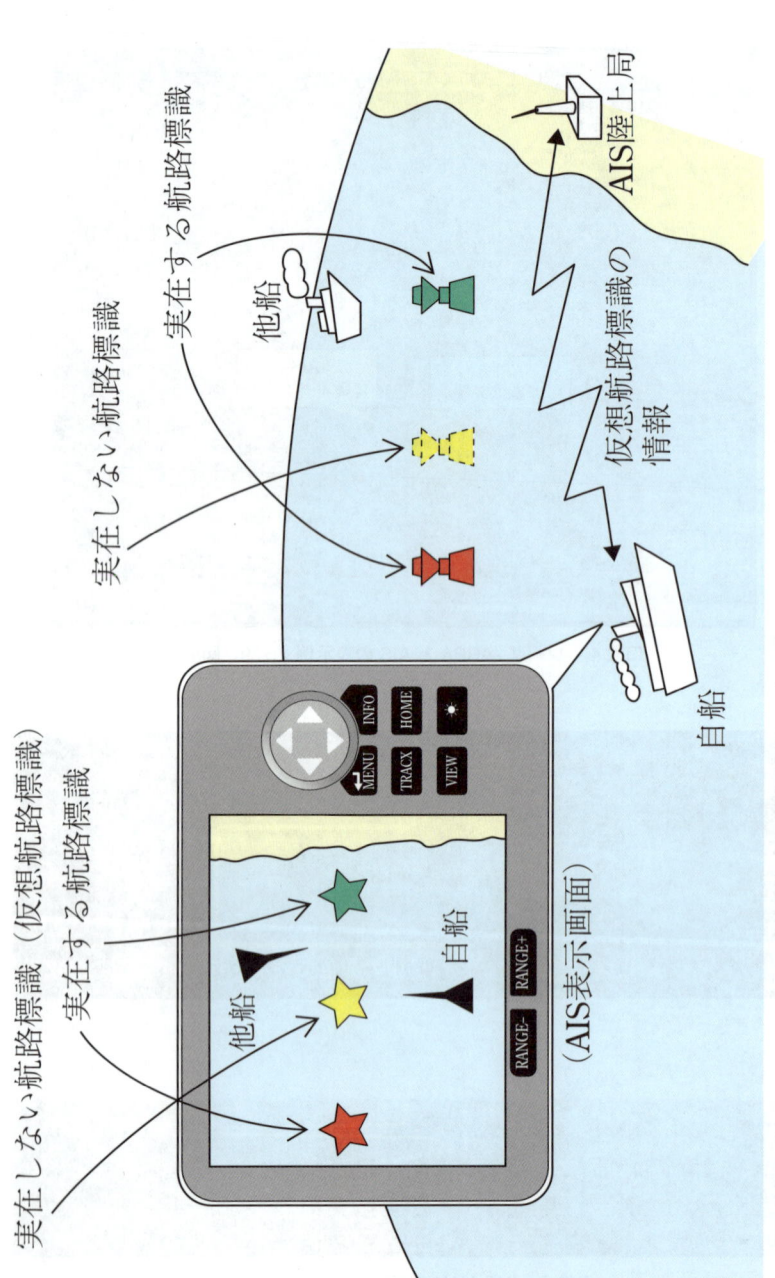

口絵6　AISを利用した仮想航路標識 (p.95　図5.7)

新版 電波航法

東京海洋大学　教授
いまづ　はやま
今津　隼馬

東京海洋大学　准教授
かやの　じゅん
榧野　純　共著

成山堂書店

本書の内容の一部あるいは全部を無断で電子化を含む複写複製（コピー）及び他書への転載は，法律で認められた場合を除いて著作権者及び出版社の権利の侵害となります。成山堂書店は著作権者から上記に係る権利の管理について委託を受けていますので，その場合はあらかじめ成山堂書店（03-3357-5861）に許諾を求めてください。なお，代行業者等の第三者による電子データ化及び電子書籍化は，いかなる場合も認められません。

はしがき

　近年、GPS等の電波航法の発達により、時々刻々の自船位置を正確にとらえることが可能となりました。また、AIS等の通信技術の発達により各船の位置情報を船内はもちろん、他船や陸上でも共有することが可能となりました。

　本書は現在の船舶航行に使用されている電波航法を中心に、現場ですぐに役立つだけでなく、次世代のシステム展開に応用できるよう、基本原理についてできるだけわかりやすく、そしてこのシステムによりどのような問題が解決され、どのような問題が残っているのかがわかるように解説することを心がけました。

　また、電波航法で得られる位置情報を船舶航行に積極的に活用するために開発された、電子海図やAIS等についてもここに掲載しました。

　電波航法による自船位置情報は、乗揚げ回避や衝突防止に活用できることから、こうした海難防止のためのシステムが電波航法の発達にあわせて開発され、また改良されています。

　最近のIMO（国際海事機関）では、電波航法や情報通信技術の進展を踏まえ、船舶の航行とそれに関連した業務の質の向上を目的として、船舶航行に役立つ情報を収集、統合、交換、表示、分析する、e-Navigationと呼ばれるシステムの開発について討議しています。ここに述べた電波航法や関連技術について理解していただければ、これから開発されるe-Navigationについても容易に理解され、さらには、今後の新しいシステムの開発にも役立てていただけるものと確信しています。ただし、本書は教科テキストを目指した書であることから、詳細な解説は省いていますので、この点はご容赦願います。

　　平成24年2月

　　　　　　　　　　　　　　　　　　　　　　　　　　　　今津　隼馬

目　次

はしがき

第1章　電波の分類と伝播 … 1

1.1　伝波通路による電波伝播の分類 … 1
1.2　各電波通路における電波伝播 … 2
 1.2.1　地上波の伝播　*2*
 1.2.2　対流圏内の伝播　*4*
 1.2.3　電離層での伝播　*7*
1.3　波長（周波数）による電波の分類 … 13
1.4　各波長帯における電波伝播 … 15
 1.4.1　超長波の伝播　*15*
 1.4.2　長波の伝播　*16*
 1.4.3　中波の伝播　*16*
 1.4.4　短波の伝播　*17*
 1.4.5　超短波およびマイクロ波の伝播　*17*
1.5　電波伝播に関する諸現象 … 19
 1.5.1　フェージング（Fading）　*19*
 1.5.2　デリンジャー現象（Short Wave Fadeout：SWF）　*20*
 1.5.3　磁気嵐型電波障害　*20*
 1.5.4　電波雑音　*20*
 1.5.5　正規反射波と異常反射波　*21*

第2章　双曲線航法 … 23

2.1　測位原理 … 23
2.2　双曲線を求める方法 … 24

2.3 地上波と空間波の識別方法 …………………………………… 27
2.4 今までに実用化された双曲線航法 …………………………… 27
2.5 ロラン C（LOng LArge Navigation C）……………………… 30
 2.5.1 ロラン C 局の配置　30
 2.5.2 送信形式と地上局の識別符号　31
 2.5.3 ロラン C 電波の伝播特性　31
 2.5.4 ロラン C の位置誤差　34

第 3 章　衛星航法 …………………………………………………… 35

3.1 測位原理 ………………………………………………………… 35
 3.1.1 ドップラーシフトを利用する方法　35
 3.1.2 到達時間を利用する方法　37
3.2 衛星航法の代表例 ……………………………………………… 37
3.3 GPS（Global Positioning System）…………………………… 40
 3.3.1 GPS の概要　41
 3.3.2 GPS 衛星から送られてくる電波と信号　41
 3.3.3 PRN（Pseudo Random Noise）符号　41
 3.3.4 PSK（Phase Shift Keying）変調とスペクトル拡散　44
 3.3.5 航法メッセージ　46
 3.3.6 受信波の解読　46
 3.3.7 位置計算の原理と計算式　51
 3.3.8 GPS の誤差　54
 3.3.9 GDOP（Geometric Dilution Of Precision）　55
 3.3.10 DGPS（Differential GPS）　57

第 4 章　レーダ（RAdio Detection And Ranging：RADAR）… 63

4.1 レーダの原理 …………………………………………………… 63
4.2 レーダ波の伝播と反射 ………………………………………… 63

4.2.1　レーダ方程式　*63*

　　　4.2.2　直接波と反射波の合成　*64*

　　　4.2.3　目標のレーダ反射面積とコーナーレフレクタ　*65*

4.3　レーダの性能 …………………………………………………………*67*

　　　4.3.1　最大探知距離　*67*

　　　4.3.2　最小探知距離　*70*

　　　4.3.3　距離分解能　*70*

　　　4.3.4　方位分解能　*71*

4.4　レーダの性能に影響を及ぼす事項 ……………………………………*71*

　　　4.4.1　パルス繰返し数　*72*

　　　4.4.2　パルス幅　*72*

　　　4.4.3　尖頭出力　*72*

　　　4.4.4　スキャナ回転速度　*72*

　　　4.4.5　波　長　*72*

4.5　スイッチ類の作動概要 ………………………………………………*73*

4.6　偽像と注意を要する像 ………………………………………………*74*

4.7　レーダ表示の種類 ……………………………………………………*76*

　　　4.7.1　映像の基準による表示の分類　*77*

　　　4.7.2　映像の動きによる表示の分類　*78*

4.8　レーダによる位置決定 ………………………………………………*78*

　　　4.8.1　映像の測定点の決定と測定　*78*

　　　4.8.2　距離情報による位置の線と精度　*79*

　　　4.8.3　方位情報による位置の線と精度　*79*

　　　4.8.4　位置決定法　*80*

4.9　レーダの航海への応用 ………………………………………………*82*

第5章 船舶自動識別装置 (Automatic Identification System：AIS) ……83

5.1 情報の送受 …………………………………………83
    5.1.1 AISで送られる情報　*84*
    5.1.2 AISの送信について　*86*
    5.1.3 AISの受信について　*88*
    5.1.4 AIS情報の特徴　*89*

5.2 AISの運用 ……………………………………………*90*
    5.2.1 AISのスイッチ　*90*
    5.2.2 AIS情報の確認　*91*
    5.2.3 AIS運用中の注意事項　*91*

5.3 AIS情報の表示 ………………………………………*92*

5.4 AIS等によるネットワーク ……………………………*95*

第6章 衝突予防への利用 ……………………………*97*

6.1 衝突危険の評価に関する代表的な手法 ……………*97*
    6.1.1 最接近距離 (Distance of Closest Point of Approach)・最接近時間 (Time to Closest Point of Approarch)　*97*
    6.1.2 危険予測域 (Predicted Area of Danger)　*100*
    6.1.3 目標による衝突妨害ゾーン (Obstacle Zone by Target)　*102*

6.2 映像位置のプロットによる運動情報の解析 ………… *104*

6.3 運動情報の精度 ……………………………………… *105*

6.4 船舶の行動と相対ベクトルの変化 …………………… *106*

6.5 レラティブプロットによる運動情報の解析と避航動作の求め方 ……………………………………… *108*

6.6 レーダによる衝突回避上の注意事項 ………………… *110*

6.7 自動衝突予防援助装置
　　（Automatic Radar Plotting Aids：ARPA） ………………… *110*
　　6.7.1　ARPA の機能　*110*
　　6.7.2　ARPA の表示方法　*111*
　　6.7.3　制御パネルのスイッチ機能　*112*
　　6.7.4　ARPA 使用上の問題点　*112*
　　6.7.5　映像の運動情報　*113*

第 7 章　電子海図 ……………………………………………… *115*

7.1　電子海図の概要 ………………………………………… *115*
7.2　公式電子海図データ …………………………………… *117*
　　7.2.1　ENC（Electronic Navigational Chart）　*117*
　　7.2.2　RNC（Raster Navigational Chart）　*118*
7.3　ECDIS ………………………………………………… *120*
　　7.3.1　ECDIS の構成　*120*
　　7.3.2　ECDIS の表示　*123*
　　7.3.3　航海計算　*132*
　　7.3.4　バックアップ機能　*132*
7.4　ECS …………………………………………………… *132*

索　　引　*133*

第1章　電波の分類と伝播

　電波航法とは、電波の定速性や反射性などを利用して、船舶を安全かつ効率的に目的地に航行させるための航法の総称である。わかりやすく言えば、物標間の距離を測る"物差し"に電波を利用する航法である。電波の到達能力が優れていることから、光や音を用いた航法より広い範囲をカバーでき、夜間や悪天候でも利用できる点で地文航法よりも優れている。

　ここでは、本書の導入部分として、電波航法を利用するうえで知っておくべき電波の分類や各電波の伝搬過程における特徴について述べていく。

1.1　電波通路による電波伝播の分類

　電波の通路によって電波伝播を分類すると、図1.1のようになる。

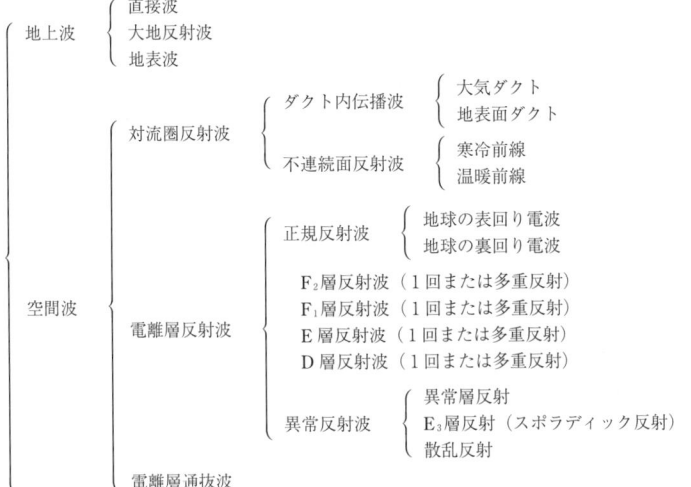

図1.1　電波通路による分類

1.2 各電波通路における電波伝播

この節では、電波の伝播を電波通路ごとに分け、それぞれの特徴について述べていく。

1.2.1 地上波の伝播

地上波は、直接波、大地反射波および地表波の総称である。

直接波とは、送信側と受信側の間を直線的に進む電波のことである。大地反射波とは、電波の伝播途中で地球表面や建物などに反射して受信側に到達する電波のことである。

地表波とは、電波の回折現象※により球面状の地球表面に沿って電波が伝播し、視覚的な見通し距離よりも遠方に到達する電波のことである。

> ※ 波が進んでいく方向に障害物がある場合、波がその障害物の背後に回り込んで伝わっていく現象。わかりやすい例として、対面しつつ、おしゃべりをする2人の間に、ついたてを設置したとしても、おしゃべりの音はそのついたてを回り込むことができるので、2人はおしゃべりを続けることができる。波長が長いほど回折角（障害物の背後に回り込む角度）は大きくなる。

見通し距離内では、上の3者が伝播するが、見通し距離外になると地表波成分がほとんどである。比較的波長が短い（直進性が高い）電波は、見通し距離内の直接波と大地反射波が主要な成分となり、比較的波長が長い（回折現象が大きく、直進性が低い）電波では、かなりの距離まで地表波が到達する。地上波の伝播は、地表の導電率、誘電率、偏波、周波数などに大きく影響される。

地球表面が平面であると仮定すると、電波の送信器から距離 d の地点における受信電界強度 E は（1.1）式で表される。

$$E = 120\pi \frac{Ih}{\lambda d} \delta(\rho) \ [\text{v/m}] \qquad (1.1)$$

ここで、

I：アンテナに流入する電流［A］

h：アンテナ実効長［m］

λ:電波の波長[m]

$\delta(\rho)$:減衰係数、大地の状態によってきまる関数

である。実際には、地球表面は平面でないのでもっと複雑となる。

(1) 直接波と大地反射波

波長が、超短波(1.3参照)よりも短くなると、回折角が小さくなるために、図1.2のように直接波と大地反射波の合成波が支配的となってくる。

地球表面を平面と考えると、受信電界強度は図1.2の記号を用いて、

$$E = E_0' \frac{e^{-jk\gamma_1}}{\gamma_1}\sin\theta_1 + RE_0' \cdot \frac{e^{-jk\gamma_2}}{\gamma_2}\sin\theta_2 \tag{1.2}$$

$$\fallingdotseq E_1 \left\{ 1 + Re^{-j\frac{4\pi hh'}{\lambda d}} \right\} \tag{1.3}$$

となる。ここで、

E_0':(1.1)式で$\delta(\rho)=1$とした場合の値

k:$2\pi/\lambda$

R:大地の反射係数

である。

超短波と極超短波(1.3参照)の送受信間の距離と電界強度の関係を図1.3に示す。図1.3から、直接波と大地反射波の位相差による干渉※によって極大や

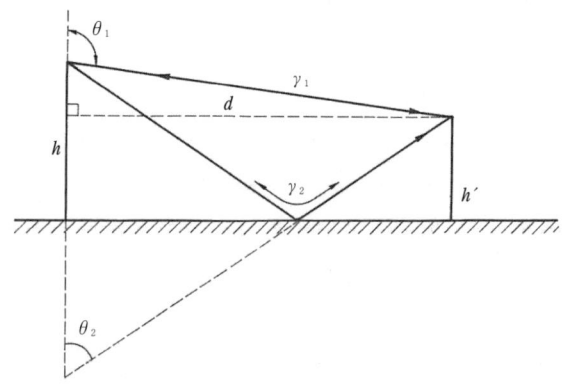

図1.2 直接波と大地反射波の合成

極小が生じ、また、見通し距離より遠くなると急速に電界強度が弱くなることがわかる。

> ※ 2つの波が重なり合った際に、2つの波の山と山もしくは谷と谷が一致するときは2つの波が互いに強め合い、山と谷が一致するときは2つの波が互いに打ち消し合う。このような現象を干渉という。

(2) 地表波の伝播

地表波の伝播特性を図1.4に示す。この図は、横軸に地表距離、縦軸に電解強度をとり、各波長の伝播特性を表したものである。この図からわかるように、一般に、大地の減衰係数（導電率 δ）が大きいほど、そして波長 λ が長いほど、電波の伝播は良好となる。

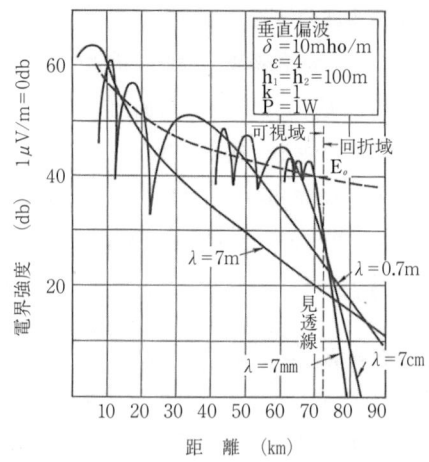

図1.3 送受信間の距離と電解強度および直接波と大地反射波の干渉

1.2.2 対流圏内の伝播

一般に、大気温度は、高度が上がるにつれて減少するが、ある高さになると温度の減少が見られなくなる。この高さを対流面といい、そこから地面までを対流圏という。

(1) M 曲線とラジオダクト

対流圏内の電波の伝播は、気温、湿度、気圧の気象の3要素に大きく影響される。この3要素によって電波のおおよその屈折率が決まってくる。一般に、屈折率は次式で表わされる。

$$n = i + \left(\frac{79}{T}P \times 10^{-6} + \frac{0.38}{T^2}e\right) \approx 1 \tag{1.4}$$

この屈折率によって、図1.5に示すスネルの法則により $n_0 \sin i_0 = n_1 \sin i_1 = \cdots = n_p \sin i_p = $ 一定（ただし n_p は屈折率）となるような曲線に沿って電波が伝

1.2 各電波通路における電波伝播 5

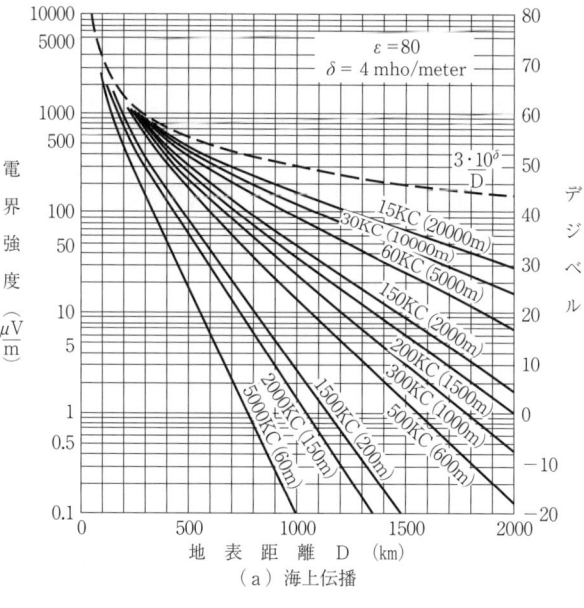
（a）海上伝播

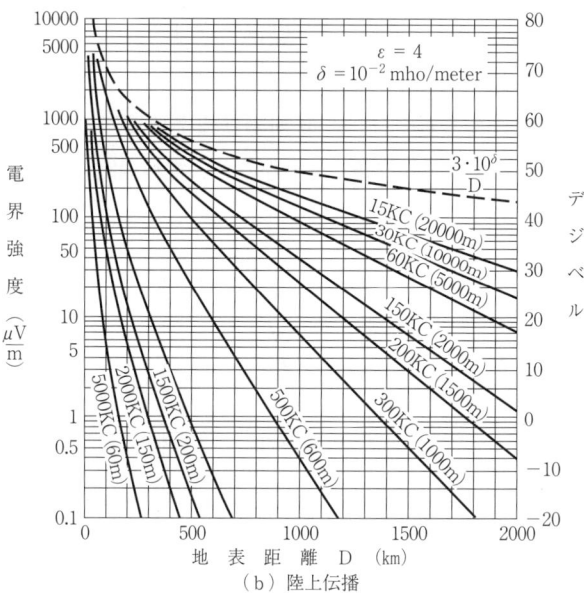
（b）陸上伝播

図1.4 地表波の伝播特性

播していく。

ここで、これらの値はほとんど1に近く、その変化は極めて小さいので、電波の屈折を扱う場合、屈折率分布を示すために M 曲線というものが使われる。M 曲線とは、屈折率のほかに電波の伝播を扱ううえで便利なようにある因子を付加した、いわ

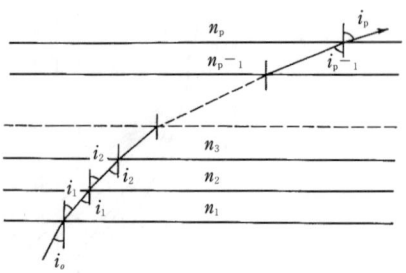

図1.5 波の屈折（スネルの法則）

ゆる修正屈折率の高さに対する分布を表した曲線であり、次のような式で与えられる。

$$M = \left(n + \frac{h}{a} - 1\right) \times 10^6 \simeq \frac{79p}{T} + \frac{3.8 \times 10^5 e}{T^2} + 0.157h \tag{1.5}$$

ただし、n は屈折率、h は高さ [m]、a は地球半径、p は気圧 [ヘクトパスカル]、T は絶対温度、e は水蒸気圧 [ヘクトパスカル] である。この M 曲線を見れば電波がどんな伝わり方をするか見当がつくようになっている。代表的な M 曲線の形を図1.6に示す。

気象的な逆転層がある場合には、M 曲線は標準型以外の曲線となり、電波の通路は上方に凸となる。$dM/dh < 0$ となると、電波通路の曲率半径が地球の

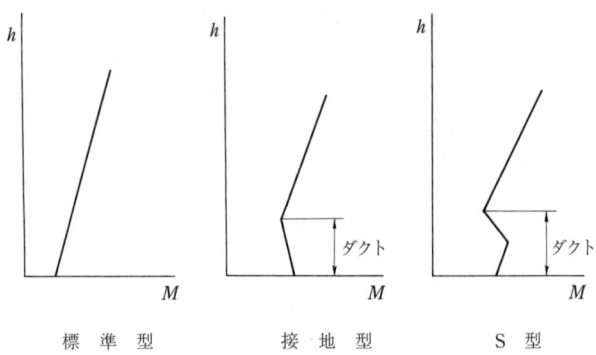

図1.6 M曲線（修正屈折率と高度の関係）

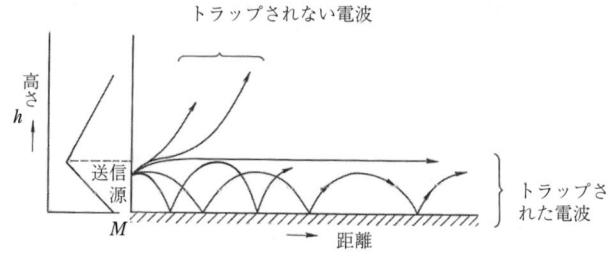

図1.7 ラジオダクト

曲率半径より小さくなり、図1.7に示すように電波は地表近辺に集中して伝播する。図1.7の左側は、修正屈折率と高度の関係、右側は送信された電波の進み方を示している。このような現象が起こる空間をラジオダクトという。

ラジオダクトは、次のような原因で生ずる。

a) 一般に海岸では昼間海風、夜間陸風が吹くので、それにともなってダクトが発生する。大洋上でも貿易風や海洋風によって同様のダクトが発生することがある。

b) 夜間、大地は大気よりも早く冷却するので、地表付近の大気に温度の逆転現象が現れてダクトが発生する。このようなダクトを接地型ダクトといい、昼間晴天で暖かく乾燥し、夜間も晴れて無風または微風であると発生しやすい。

c) 高気圧圏内で下降気流が生じ、これによって乾燥した寒冷な空気が蒸発の盛んな大地または海面に近づき、温度の不連続が生じた場合にS型のダクトが発生する。

d) 雨、霧などによって電波が減衰した場合にもダクトが発生する。

1.2.3 電離層での伝播

(1) 電離層

大気の高層部において、大気が太陽から送られてくる紫外線や軟X線によって電離し（図1.8）、自由電子が集まっている層がある。これを電離層といい、

電波の伝播に大きな影響を与えている。一般に、波長が短い（周波数が高い）電波は電離層を通抜し、波長が長い（周波数が低い）電波は電離層で反射する。

電離層は、図1.9のように、いくつかの層に分かれており、下の方からD層、E層、F層という。F層はさらにF_1層とF_2層がある。また、E層とほぼ同じ高さにスポラディックE層（E_s層）といわれる電子密度の高い層が現れることがある。これらの層の領域は昼夜、季節などによって絶えず変化をしている。

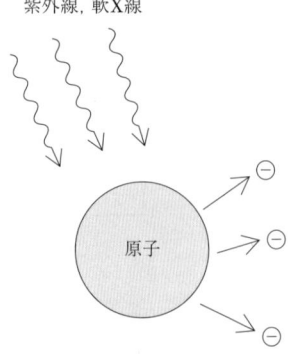

図1.8　電離層について

(2) 電離層での反射

電離層での伝播は、電離層の電子密度と密接な関係があり、垂直に打ち上げられた周波数fの電波が電子密度Nの電離層で反射して返ってくるためには、

$$N = 1.24 \times 10^{-8} f^2 \tag{1.6}$$

の関係がある。したがって、電子密度を一定とした場合、電離層で通抜するか

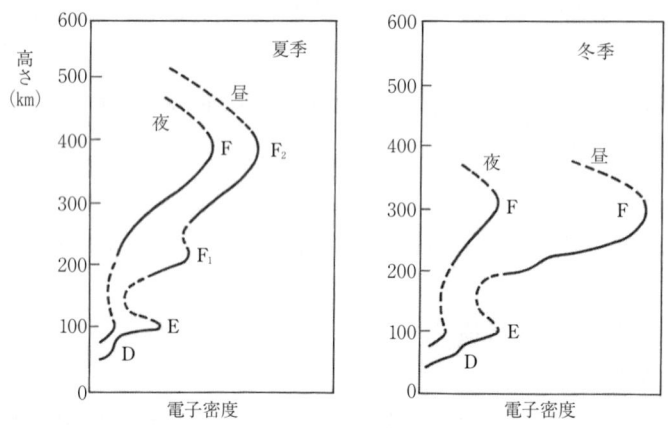

図1.9　電子密度と高度の関係

反射するかは電波の周波数によって決まる。この通抜するか反射するかの境界の周波数を臨界周波数という。また、電離層の密度は、太陽の天頂角 x によって変化し、実験的に、

$$N_{\max} = c'\sqrt{\cos x} \tag{1.7}$$

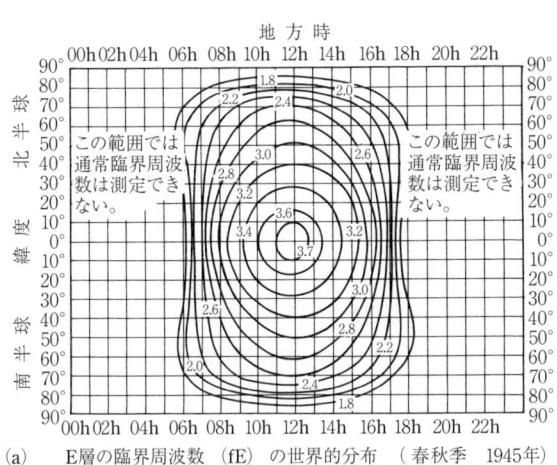

(a) E層の臨界周波数（fE）の世界的分布 （春秋季 1945年）

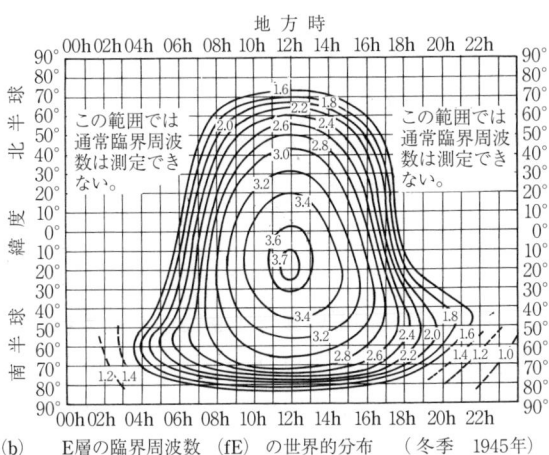

(b) E層の臨界周波数（fE）の世界的分布 （冬季 1945年）

図1.10 E層の臨界周波数の分布

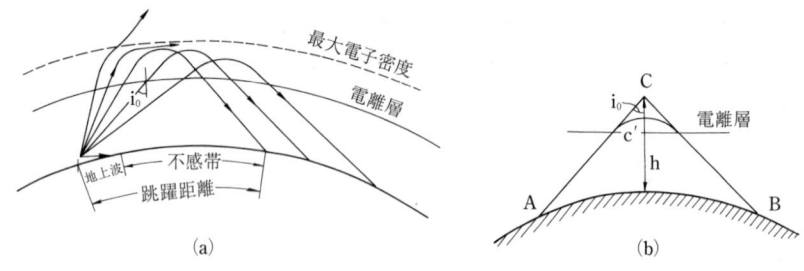

図1.11 電離層での反射

$$f_E = c\sqrt[4]{\cos x} \tag{1.8}$$

N_{max}：電離層の最大電子密度

f_E：E層の臨界周波数

c, c'：太陽の活動周期に応じて実験的に決められる定数

の関係があるといわれている。E層の臨界周波数を図1.10に示す。

電波が電離層で反射する場合は、光が鏡で反射するのとは異なり、屈折率が変わるたびに順次電波の進行方向が変わって反射していく。その様子を図1.11に示す。

この図のように、同じ周波数でも入射角 i_0 により反射する高さが違い、また、臨界周波数でも斜めに入射すると反射する。周波数 f の電波が電離層に垂直に入射したときに、ある高さで反射した場合、入射角 i_0 の角度で斜めに入射した周波数 f' の電波は、周波数 $f \sec i_0$ の電波と同じ高さで反射する。すなわち、

$$f' = f \sec i_0 \tag{1.9}$$

の関係がある。これを正割法則という。(1.9) 式から、f を臨界周波数とすれば、f より高い周波数でも斜めに入射した場合に反射することがわかる。臨界周波数以上の電波を順次斜めに発射すると、そのうちに使用している電波が電離層で通抜するか反射するかの境界となる角度がわかる。電波の送信局からその角度で電波を送信した場合に、受信局でその電波を受信する際に電離層から

の反射波を利用するためには、送信局と受信局の間にある程度の距離が必要となる。すなわち、この距離より近い点では地上波以外は受けられない。

このような空間波の最小到達距離を跳躍距離（スキップディスタンス）といい、跳躍距離から地上波の到達距離を引いた地域は電波の届かない地域となる。この地域を不感帯という。また、図1.11(b)のようにAC'Bが実際の電波の通路であるが、C点で鏡面反射をしたと見なしても伝播距離は変わらない。Cまでの高さ h を見かけ反射高という。

電離層における電波の減衰は、電子密度に比例し、周波数の2乗にほぼ反比例する。そして減衰量は通路長に比例するので、電離層に侵入するほど電波は減衰が大きくなる。

以上を総合して電離層で反射される電波を波長帯（1.3参照）で分けると大略次のことがいえる。

　a）超長波帯・長波帯・中波帯の電波は普通D層やE層で反射される。
　b）短波帯の電波はE層を通抜し、F層で反射される場合が多い。
　c）超短波およびそれより高い周波数帯の電波は電離層を通抜する。

ただし、100 MHz以下のものは F_2 層、E_s 層で反射し、しばしば1000 km以上到達することが認められている。

(3) 偏波面※の回転

電波の進行方向と電界の方向に平行な面を電波の偏波面（図1.12）という。電波が普通の空間を伝播するときは、この偏波面が変化することがないが、電離層では地磁気の影響を受けて、入射波と反射波では偏波面が異なってくる。

　※　垂直に立ったアンテナから放射される電波の電界は大地に対して垂直（垂直偏波という）になり、水平に置かれたアンテナから放射される電波の電界は大地に対して水平（水平偏波という）になる。一般に、電波を受信するアンテナは偏波面が合っていなければロスが大きくなってしまう。

(4) 電離層の通抜

GPSなどの衛星を使用した航法では、電波が電離層を通抜する必要があるために、比較的高い周波数帯であるマイクロ波帯（1.3参照）を使用している。マイクロ波帯は電離層を通過するが、スポラディックE層やF層の影響

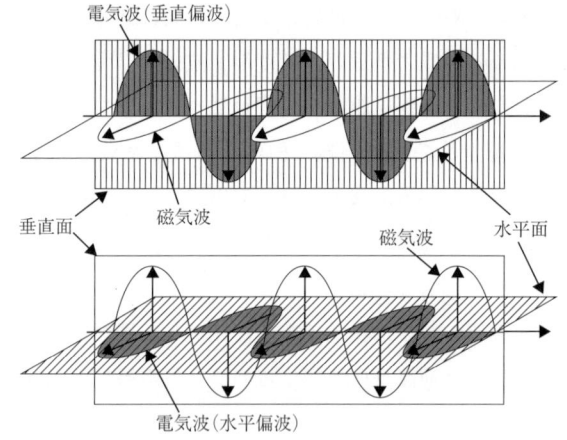

図1.12 電波の偏波面

を受け、電波の進行速度が遅くなる。これを電離層遅延という。電離層による遅延量は、

$$D = \frac{40.3}{f^2}\int N\,dl = \frac{40.3}{f^2}\cdot \text{TEC} \tag{1.10}$$

で表される。ここで、f は電波の周波数、N は自由電子密度、$\int N\,dl$ は受信機と衛星を結ぶ直線上にある自由電子の総数であり TEC（Total Electron Content）と呼ばれる。

 GPS の場合、電離層遅延の影響による測位誤差が30 m 程度にもなる。そこで GPS では、電離層モデルを利用してこの誤差を補正している。それでも補正しきれない誤差は、電離層遅延補正誤差として現れ、その測位誤差量は10 m 程度である。ところで、(1.10) 式からわかるように、電離層遅延量は周波数の2乗に反比例している。この性質を利用し、2周波受信機による方式では、2つの周波数を利用することにより、電離層遅延量を直接測定して精度の高い補正を行っている。

1.3 波長(周波数)による電波の分類

電波航法で使用される電波を波長(周波数)で分類すると、(1)〜(8)のようになる。
一般に、電波は波長が短い程(周波数が高い程)、伝送できる情報量が多く、直進性が強くなる(図1.13)。

(1) 超長波 (Very Low Frequency)
　　波長…100 km 〜10 km
　　周波数… 3 KHz 〜30 KHz
　　特徴…地表面に沿って伝わり低い山なら越えていく。水中でも伝わる。
　　用途例…オメガ(2.4参照)・対潜水艦通信

(2) 長波 (Low Frequency)
　　波長…10 km 〜 1 km
　　周波数…30 KHz 〜300 KHz
　　特徴…地表波による安定した通信が可能。大規模なアンテナや送信設備を
　　　　　必要とする。
　　用途例…デッカ(2.4参照)・ロラン C (2.4参照)・船舶無線電信・海上無
　　　　　線標識局・電波時計・ラジオ放送・アマチュア無線

(3) 中波 (Medium Frequency)

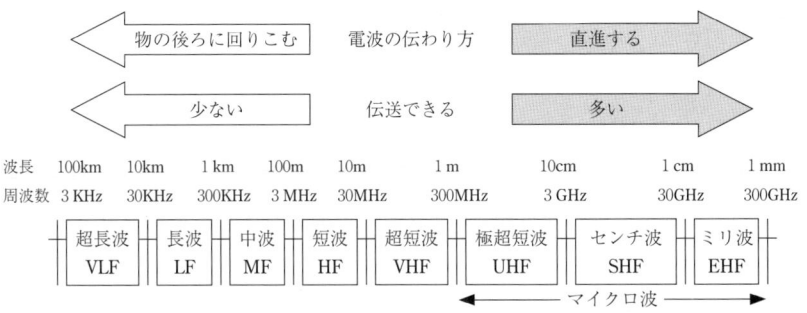

図1.13 電波の波長(周波数)による分類

波長…1 km ～100 m

周波数…300 KHz ～ 3 MHz

特徴…昼間は地表波による安定した通信、夜間は電離層の反射を遠距離通信が可能である。

おもな用途…ロラン A（2.4参照）・海上無線標識局・船舶気象通報・ラジオ放送・アマチュア無線

(4) 短波（High Frequency）

波長…100 m ～10 m

周波数… 3 MHz ～30 MHz

特徴…電離層による反射で遠距離通信が可能。季節や時間帯による伝送特性の変化が大きい。

おもな用途…船舶無線・ラジオ放送・アマチュア無線

(5) 超短波（Very High Frequency）

波長…10 m ～ 1 m

周波数…30 MHz ～300 MHz

特徴…空間波による見通し範囲の通信が可能。ラジオダクトなどによる異常伝播で遠くの送信局の妨害を受けることもある。雨や霧の影響を受けにくく、情報を多くのせることができる。

おもな用途…AIS（5 章参照）・$NNSS$（3.2参照）・国際 VHF 船舶無線・EPIRB・業務用移動通信・FM ラジオ放送・アマチュア無線

(6) 極超短波、マイクロ波（Ultra High Frequency）

波長… 1 m ～10 cm

周波数…300 MHz ～ 3 GHz

特徴…アンテナが小さくなるため移動体通信に適する。空間波による見通し範囲の通信が可能である。マイクロ波加熱にも利用されている。

おもな用途…GPS（3.2参照）・$GLONASS$（3.2参照）・テレビ放送・携帯電話・PHS・アマチュア無線・電子レンジ・無線 LAN

(7) センチ波、マイクロ波（Super High Frequency）

波長…10 cm 〜 1 cm

周波数… 3 GHz 〜30 GHz

特徴…直進性が高い。高速データ通信用として技術開発が行われている。

おもな用途…レーダ（4 章参照）・衛星通信・衛星テレビ放送・無線LAN・アマチュア無線

(8) ミリ波、マイクロ波（Extremely High Frequency）

波長… 1 cm 〜 1 mm

周波数…30 GHz 〜300 GHz

特徴…非常に大きな情報を送ることができる。悪天候時には雨などの影響を受けてあまり遠くへ伝えることができない。また、対象物から反射してきた電波を受信し、伝播時間やドップラー効果によって生じる周波数差などを計測することによって対象物の位置や相対速度を測定できる。

主な用途…接岸速度計、無線アクセス通信、自動車の衝突防止レーダ、電波望遠鏡、空港などにある全身スキャナ

1.4 各波長帯における電波伝播

この節では、電波を波長帯ごとに分け、それぞれ地上波の伝播、電離層での伝播および航法における特徴について述べていく。

1.4.1 超長波の伝播

(1) 地上波の伝播

建物や地面の影響を受けにくく、地表面に沿って伝わり低い山を越えることができる。

(2) 電離層での伝播

D 層と地表との間を伝播するので、短波でみられるような下層の擾乱変動による伝播嵐、フェージング（1.5.1参照）の影響を受けない。また、減衰が少

なく、5,000〜20,000 km の遠方まで伝播する。

(3) 航法における特徴

長距離伝播が可能であることから、かつては測位航法のひとつであるオメガに超長波が用いられたが、利用可能な帯域幅が狭いことや雑音が多い（オメガの場合、測位精度に悪影響を及ぼす）などの欠点がある。

1.4.2 長波の伝播

(1) 地上波の伝播

長波の伝播は、地表波が優勢である。その伝播特性は、大地の電気的定数に大きく影響され、陸上伝播より海上伝播の方が減衰が少なく、また周波数が低いほど到達距離が大きい（図1.4参照）。

(2) 電離層での伝播

長波は、電離層による減衰も少なく、大地でもよく反射されるので、E層と大地の間を何回も反射しながら伝播する。E層で1回反射されたものを1−HOP−E、2回反射されたものを2−HOP−E、F層で1回反射されたものを1−HOP−F、2回反射されたものを2−HOP−Fと呼ぶ。

(3) 航法利用上における特徴

長波は、地表波、空間波ともに伝播が良いので、遠距離通信に適しており、デッカやロランCなどに利用されていたが、超長波と同様に雑音が多い欠点がある。

1.4.3 中波の伝播

(1) 地上波の伝播

昼間は、電離層の伝播過程における減衰が大きいことから、地上波をおもに利用する。また安定した通信が可能である。

(2) 電離層伝播

中波は、長波と同様に電離層の伝播が考えられるが、夜間だけE層、F層反射が利用できる。

1.4 各波長帯における電波伝播　17

(3) 航法利用上における特徴

夜間、空間波と地上波が同時に到達する300 km近辺では後述のフェージングが生じる。

1.4.4 短波の伝播

(1) 地上波の伝播

減衰が大きいことから、あまり使われていない。

(2) 電離層での伝播

E層を突き抜けたF層反射波となる場合が多い。電離層の電子密度は、一般に昼間は大きく、夜間は小さいので、(1.6)式より利用できる最高周波数（MFU : Maximum Usable Frequency という）は、昼間は高いが、夜間は低くなる。また、減衰の方も、電子密度と周波数に関係するので、利用することができる最低周波数（LUF : Lowest Usable Frequency という）も昼間は上がり、夜間は下がる。これを図示したものが図1.14である。これによると、たとえば f_1 の電波は、昼間は利用できるが、夜間は利用できないことがわかる。

(3) 航法利用上における特徴

一般に、上述のように、同一波長では常に最適の通信状態が得られないので、昼夜、季節、あるいは太陽の活動状態に応じて適当な波長を選ばなければならない。

1.4.5 超短波およびマイクロ波の伝播

(1) 地上波の伝播

直進性が強く、超短波および極超短波帯の伝播は直接波と大地反射波が主となるので、1.2.1(1)で述べたような方法で幾何学的に電界強度が求められる。この場合、反射点の位相変化と、反射係数は図1.15のようになるが、低角入射の場合は、位相変化を π 、反射

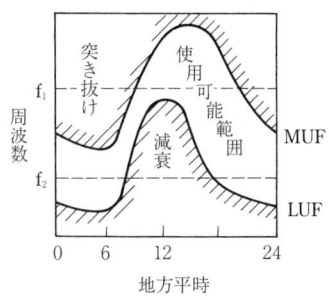

図1.14　利用周波数の時間変化

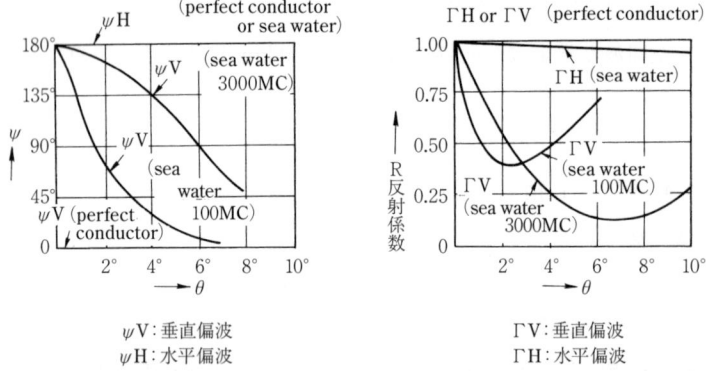

ψV：垂直偏波
ψH：水平偏波

ΓV：垂直偏波
ΓH：水平偏波

図1.15　入射角0〜10°の場合の海水反射係数についての大きさと位相の変化

率を1として直接波と合成波の比率 F を求めると、

$$f^2 = 2 + 2\cos\left(\pi + \frac{4\pi h_1 h_2}{d\lambda}\right) = 4\sin^2\left(\frac{2\pi h_1 h_2}{d\lambda}\right) \tag{1.11}$$

となる。この F の値と直接波の値から合成波の値を知ることができる。これより、$4h_1h_2/d\lambda = n$ とし、n が奇数である場合には F が極大を示し、偶数であれば0となる。n を定めるものは、アンテナの高さ h と距離 d となる。この場合の電界強度の様子を示したものが図1.16である。この考えはレーダで重要となる。

(2) 電離層での伝播

電離層で反射せずに通抜してしまう。よって、空間波は利用できない。

(3) 航法利用上における特徴

電離層を通抜することから、衛星通信に利用されている。また、直進性が高いことからレーダに利用されている。超短波領域では雨滴、水蒸気の影響を受けにくいが、マイクロ波帯では、図1.17、図1.18に示す

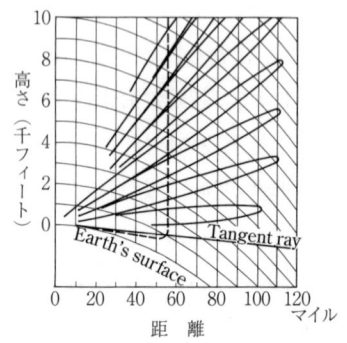

図1.16　$h_1=120ft$, $f=2600MHz$ の等電界強度曲線

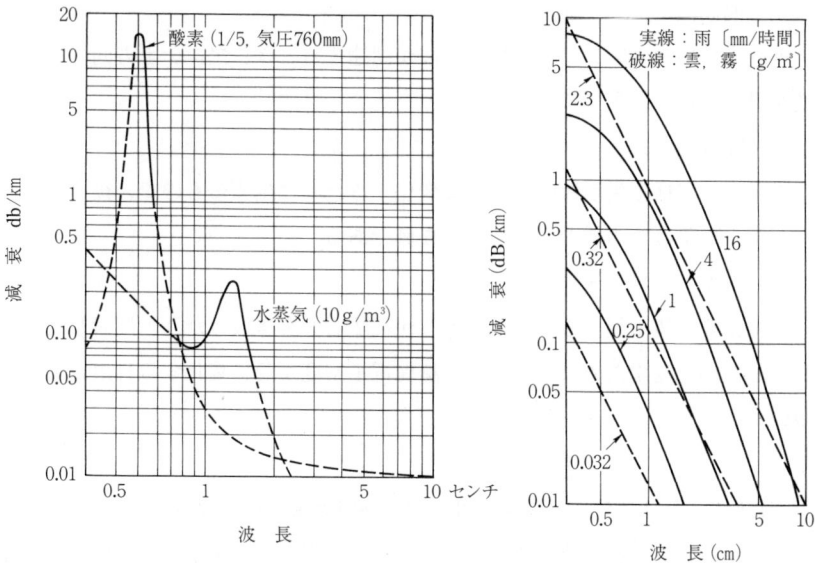

図1.17 水蒸気および酸素による減衰

図1.18 水滴による減衰の理論値

ように雨などの影響を受けて減衰が大きくなる。

1.5 電波伝播に関する諸現象

1.5.1 フェージング (Fading)

電波が伝播する通路上の媒質の動揺により、受信電界強度が急速に変動する現象をフェージングという。フェージングの変動周期は普通1秒以上数分以内であり、それより長い周期のものはフェージングとはいわない。フェージングは電離層の変化や電波の吸収作用によるものが多いが、大別して次の4つに分類される。

(1) 干渉型フェージング

同一送信源からの電波が伝播通路を異にして同一地点に到達した際に干渉を起こすことによるもの。

(2) 偏波性フェージング

垂直または水平アンテナに楕円偏波が到達するとき、アンテナ方向の電界強度が異なるために生ずるもの。

(3) 吸収性フェージング

媒質中の伝播損失が短時間の間に変化するために生ずるもので、後述のデリンジャー現象はこの種のものの極端な例である。

(4) スキップフェージング

跳躍距離近辺で起こるもので、電波が電離層を突き抜けたり、反射したりすることを繰り返すために生じる。電離層電子密度が急に変化する日出没前後に多い。

1.5.2 デリンジャー現象 (Short Wave Fadeout : SWF)

太陽からの放射線が突発的に増大して、電離層各層の電子密度が異常に高くなり、太陽から照らされている地球の半面における電波の伝播が、突如として数10分程度不良となる現象をいう。

1.5.3 磁気嵐型電波障害

太陽から放出された荷電粒子が極光帯に集中して磁気嵐を起こし、極光を発する。これにともなう電離層の嵐は、極光帯より低緯度に向かって進み正常の電波伝播状態を擾乱する。これが起こるとF層の臨界周波数が下がり、短波の減衰が増加する。この現象は数時間持続し、1～2日かかって徐々に回復する。

1.5.4 電波雑音

空中には、いろいろな電波雑音が飛び交っている。電波雑音は、雷などの自然現象で発生したものや機関、航海計器等から人工的に発生したものがある。電波雑音の分類を図1.19に示す。

1.5.5 正規反射波と異常反射波

正規の電離層によって幾何学的反射をして伝播するものを正規反射という。電子密度が不均一のための散乱反射やF層からの反射波がE層上部で反射したり、F層で滑行した電波が地上に返ってきたりするような伝播を異常反射波という（図1.20）。

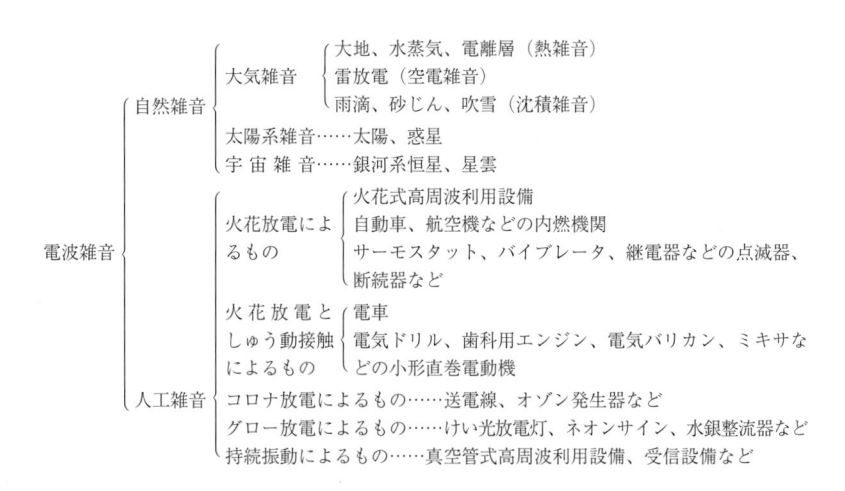

$$
\text{電波雑音}\begin{cases}
\text{自然雑音}\begin{cases}
\text{大気雑音}\begin{cases}
\text{大地、水蒸気、電離層（熱雑音）}\\
\text{雷放電（空電雑音）}\\
\text{雨滴、砂じん、吹雪（沈積雑音）}
\end{cases}\\
\text{太陽系雑音……太陽、惑星}\\
\text{宇宙雑音……銀河系恒星、星雲}
\end{cases}\\
\text{人工雑音}\begin{cases}
\text{火花放電によるもの}\begin{cases}
\text{火花式高周波利用設備}\\
\text{自動車、航空機などの内燃機関}\\
\text{サーモスタット、バイブレータ、継電器などの点滅器、断続器など}
\end{cases}\\
\text{火花放電としゅう動接触によるもの}\begin{cases}
\text{電車}\\
\text{電気ドリル、歯科用エンジン、電気バリカン、ミキサなどの小形直巻電動機}
\end{cases}\\
\text{コロナ放電によるもの……送電線、オゾン発生器など}\\
\text{グロー放電によるもの……けい光放電灯、ネオンサイン、水銀整流器など}\\
\text{持続振動によるもの……真空管式高周波利用設備、受信設備など}
\end{cases}
\end{cases}
$$

図1.19 電波雑音の分類

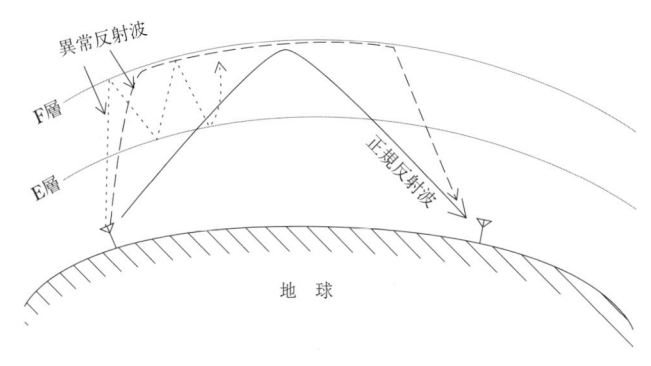

図1.20 正規反射波と異常反射波について

第2章　双曲線航法

　双曲線航法とは、複数の地上局から送信された電波を受信し、地上局～観測者間の電波の到達時間差や位相差を測定することにより、観測者の位置を求める航法である。この章では、この双曲線航法に関し、1節では一般的な測位原理、2節では受信した電波情報から双曲線を求める方法について、3節では双曲線航法で使用する電波の伝播経路について、4節では今までに実用化された方式の概要について、5節では双曲線航法を代表するものとして、現在でも運用が続いているロランCについて詳しく述べていく。

2.1　測位原理

　双曲線航法は、「2つの定点からの距離差が一定である点の軌跡はその2つの定点を焦点とする双曲線となる」という原理（図2.1参照）を利用したもので、得られた双曲線を位置の線（LOP）として用いることにより観測者の位置を求めるものである。
　図2.2において、S_1とMの2つの地上局からの距離差が等しい位置の軌跡は図中の距離差1、時間差2の点線のような双曲線群となる。同様にしてS_2とMの2つの地上局についても、距離差が等しい位置の軌跡

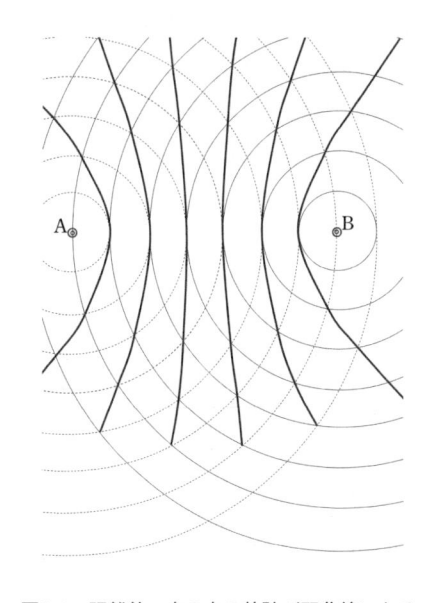

図2.1　距離差一定の点の軌跡が双曲線になる

第2章 双曲線航法

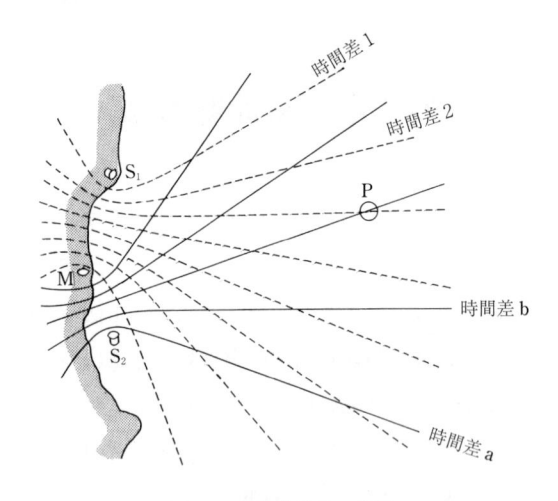

図2.2 双曲線航法の原理

は図中の距離差a、距離差bの実線のような双曲線群となるので、同時刻の距離差を示す双曲線の交点として観測者の位置Pが求められる。また、観測者が2つの地上局からの距離差を求める手段として、2つの地上局から送られてくる電波の到達時間差と電波の位相差を測定する手段がある。

観測者は、2つの発信局からの距離差を求めた後、図2.3に示すような、予め双曲線群が海図に重ね刷りされている双曲線航法専用のチャートを用いて観測位置を特定する。

2.2 双曲線を求める方法

2つの地上局から送信される電波を受信することによって双曲線を求める方法として、以下に示す3つの方式が用いられている。

(1) 電波の到達時間差による方式

2つの地上局が同時に電波を発射したとする。観測者の位置で電波が到達する時間差を測定すれば、(時間差×電波の速度)で2つの地上局からの距離差を求めることができる。そして、2つの地上局からの距離差から双曲線を求め

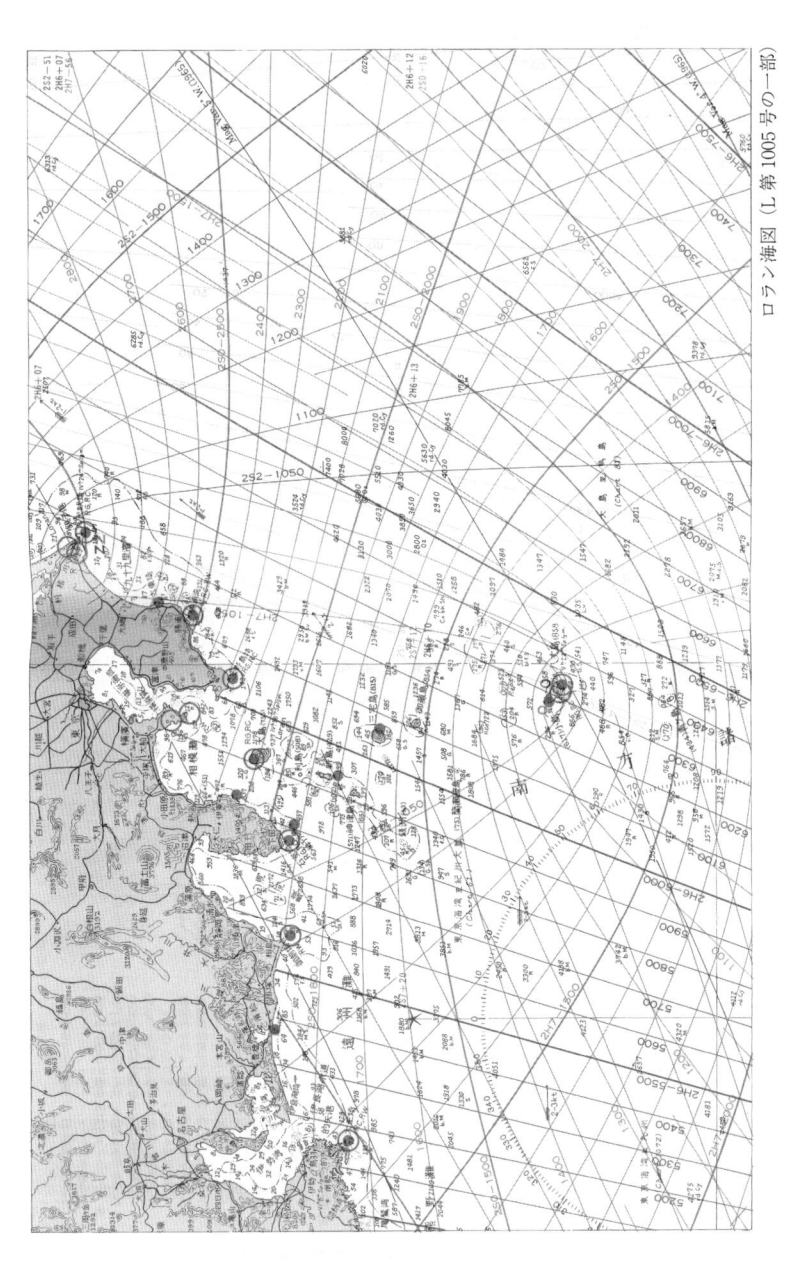

図2.3 双曲線航法で観測位置を求めるための専用チャート（口絵1参照） ロラン海図（L 第1005号の一部）

る。後述のロランAはこの方式を用いている。

(2) 位相比較による方法

2つの地上局（A局、B局）から周波数、位相が等しい電波を発射したと仮定すると、基線の中点では、両電波は同時に到達するので、両電波の位相は常に等しい。また基線※の中点から1/4波長A局寄りの点では、A局から発射された電波は、中点における位相より1/4波長遅れており、B局から発射された電波は中点における位相より1/4波長進むので、2つの電波の位相差は1/2波長異なることになる。同様に基線の中点から1/2波長A局寄りの点では、A局から発射された電波は中点における位相より1/2波長遅れており、B局から発射された電波は中点における位相より1/2波長進むので、2つの電波の位相差は1波長、すなわち位相差が0となる。このように2つの地上局から同波長、同位相の電波を発射すると1/2波長ごとに両電波の位相差が0の点ができる。このとき、2つの地上局から1/2波長ごとの同心円を描くと図2.5のようになる。同心円の交点は位相差0の点となる。その位相差0の点を結んだ線が双曲線となる。位相比較による方法の場合、使用する電波の波長の100分の1程度まで測定が可能なので、電波の到達時間差による方法よ

> ※ 2つの地上局を結ぶ線のことを基線という。一般に、図2.4に示すように、基線が短いと双曲線の発散（広がり）の度合いが大きく、基線が長いと双曲線の発散（広がり）の度合いが小さい。このことから基線が長いほど、測位精度が高くなる。また、基線の延長線付近は測位精度が悪い。

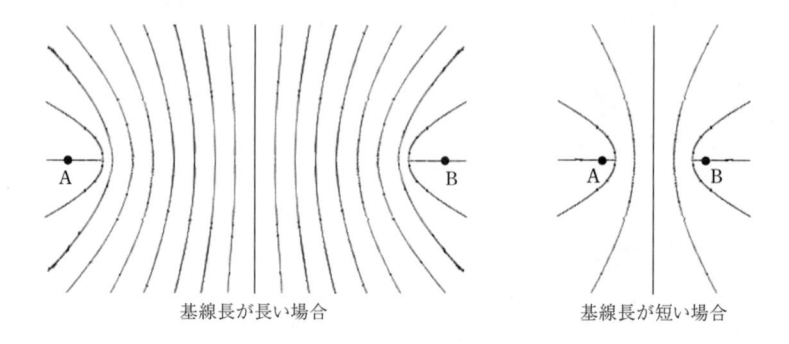

| 基線長が長い場合 | 基線長が短い場合 |

図2.4 基線の長さによる双曲線の発散の度合い

りも測位精度が高い。この位相差0の双曲線にはさまれた区間をレーンという。1レーンの間では、両電波の位相差が360度変化する。よって、この方式では、位相差を求めるとともに観測者の位置がどのレーンに属するものであるか指定する必要がある。後述のデッカや、オメガがこの方法を採用している。

(3) 電波の到達時間差と位相比較の併用による方法

電波の到達時間差によって大体の距離差を求め、さらに、位相比較を行うことによって精度の高い測定を行う方法である。後述のロランCが、この方法を採用している。

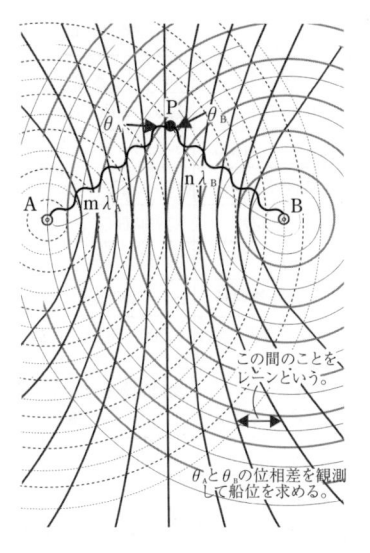

図2.5 位相比較による方法

2.3 地上波と空間波の識別方法

いくつかの双曲線航法では、地上波だけでなく空間波も利用できる。当然のことながら、空間波は地上波に比べて伝播経路が長くなることから、電波の到達時間に遅れが生じる。そこで、空間波を利用する場合は、空間波で得た測定値に補正を加えることになる。その際、まず確認することは、受信した電波が地上波か空間波かを識別しなければならない。その識別は、地上局から観測者の推測位置までの大体の距離と測定時刻で判断する。

2.4 今までに実用化された双曲線航法

現在までに提案、実用化された双曲線航法にデッカ、ロランA、ロランC、オメガがある。本節では、これらについて簡単に説明する。これらの比較につ

表2.1 ロラン、デッカ、オメガについての比較表

項　目	ロランA	ロランC	デッカ	オメガ
使用周波数	1750～1950KHz	100KHz	70～130KHz	10.2～13.6KHz
利用電波の種類	地表波、空間波	地表波、空間波	地表波	地表波、空間波
電波形式	パルス波	パルス波	連続波	断続連続波
距離差測定法	到着時間差	到着時間差と位相差	位相差	搬送波位相差
局の構成	主局と従局	主局と従局（2～4）	主局と従局	8局間の任意組み合わせ
最大有効基線長	200～400海里	600～1200海里	120～200海里	3000～6000海里
最高有効距離（日中）	約700海里（地表波）	約1400海里（地表波） 約2300海里（空間波）	約350海里	約6000～8000海里
（夜間） 測位精度（日中）	約1400海里（空間波） 1/4～1/2海里	約2300海里（空間波） 30～500m	約350海里以下 20～100m	約6000～8000海里 1海里（1852m）
（夜間）	1～5海里	100～2000m	70～300m	3海里

いてまとめたものを表2.1に示す。

(1) ロランA

陸上にある複数の地上局から同期した電波（パルス波）を発射し、その電波の到着時間差で位置を求めるシステムであり、1942年にアメリカで運用が開始された。測位精度が低く、有効範囲も狭いためにすでに廃止されており、後述のロランCへ移行されていった。

(2) デッカ

イギリスのデッカ社が開発した双曲線航法システムで、第二次世界大戦中、ノルマンディー上陸作戦で使用された。このシステムは、陸上にある1つの主局と3つの従局で1つのチェーンが構成され、主局と各従局は特定の時間間隔で、主局が送信する電波に同期した電波を送信する。船舶では、主局と3つの従局から送信された電波の位相差を測定して、発信局間の距離差を求めている。位相差を使用した場合波長の100分の1程度まで測定できるため、デッカによる位置測定は、条件が良ければ数10mの測位精度となる。かつては世界の船舶の主要交通路に設置されていたが、GPSなどの衛星航法の発達により今は使われていない。

主局と従局の識別に関しては、主局と3つの従局の組合せを赤・緑・紫の3

つの色で呼びわけ、各チェーンに割り当てられた14 KHz 付近の固有周波数に対して、主局はその6倍、赤従局が8倍、緑従局が9倍、紫従局は5倍の周波数で電波を送信する。観測者は、その電波の周波数からどの局から送信されたのかを判断する。

(3) ロランC

ロランAの性能の向上（利用できる範囲の拡大と測位の高精度化）を目指してアメリカ空軍と海軍がスペリー社と協力して開発した航法で、1955年に運用が開始された。地上局〜観測者間の電波の到着時間差とともにその電波の位相差を利用していることから、広い範囲にわたり利用でき、測位精度が優れている。条件が良ければ数10mの測位精度となる。このシステムの詳細については次節以降に述べる。主局と従局の識別は、送信電波のパルス数（主局が9パルス、従局が8パルス）と送信される順番でどの局の信号か判断している。

(4) オメガ

この方式は、1950年代にアメリカ人ジョン・ピアースが提案したものであり、究極的な測位航法を意味するということでギリシャ文字の最後の一文字であるオメガ（Ω）という名前がつけられた。このオメガの最大の特徴は超長波を用いており、電波到達距離が他の方式と比べて格段に長いことである。そのため、わずか8カ所の地上局で地球上のどこにいても測位できる。また、双曲線の基線長も長くできるために、理論的には高い精度が得られる。ところが、実際は、自然現象の影響を受けて測位精度が低い。その後のGPSなどに代表される衛星航法の台頭により、1997年にすべての地上局が、民間に対する測位航法用の電波送信局としての運用を停止したために、現在は利用されていない。現在、いくつかの地上局については、電波でも海面下まで到達可能な超長波の特性を活かし、海中の潜水艦との軍事用通信に使用されている。

地上局の識別は、各地上局が位相比較用の電波と数種類の信号を順番に送信する。観測者は、その送信された電波の順番で地上局の識別を行う。また、すべての地上局間で0.2秒の時間差をおいて電波を送信することにより、地球の裏側を通って伝播してくる電波による干渉を防いでいる。

2.5 ロランC（LOng LArge Navigation C）

ここからは、前節で述べた双曲線航法のうち、唯一運用が続いているロランCについて述べていく。

2.5.1 ロランC局の配置

ロランCの主局と従局の関係について、ロランCでは1つの主局に対して3〜5局が対になってチェーンを構成し、同一チェーンでは同じ信号を送信する。主局をM、従局をそれぞれW、X、Y、Z局と呼ぶ。これらの局の配置例を図2.6に示す。また、北太平洋チェーンと東アジアチェーンの利用可能範囲を図2.7に示す。

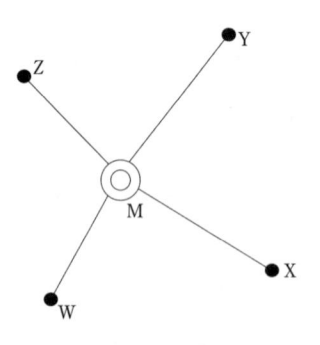

図2.6　ロラン局の配置例

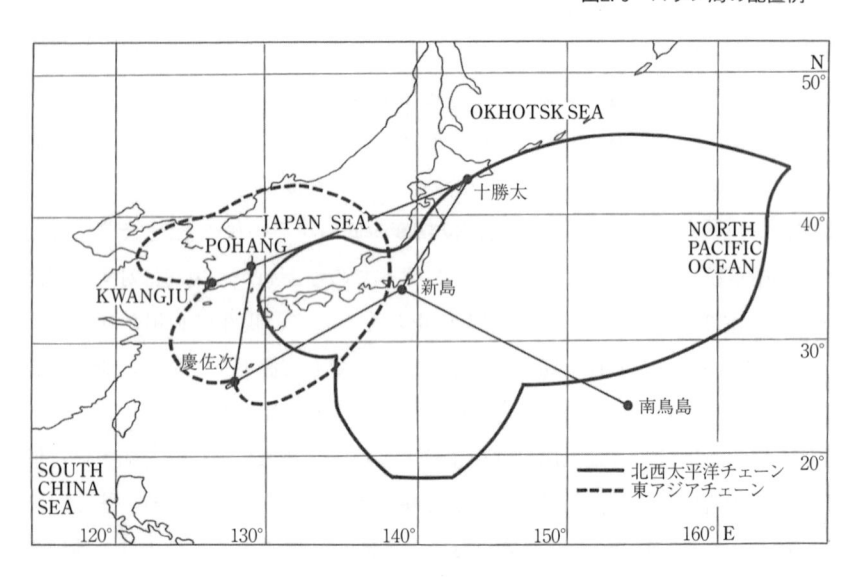

図2.7　日本周辺の利用可能範囲

2.5 ロランC（LOng LArge Navigation C） *31*

2.5.2 送信形式と地上局の識別符号

地上局の識別には、GRI表示が用いられるが、これは表2.2のパルス繰り返し周期の μsec の最後の桁を省略したもので、4,000から9,999までの数字で表されている。同一チェーン内の各地上局は定められた一定の繰り返し周期でパルスの振幅変調された信号を送信する。1つの地上局は互いに1000μsec の間隔で8個のパルス信号を1群と送信するが、主局だけは、さらに第9番目のパルスを送信する。この9番目と8番目のパルスの間隔は1000μsec より若干長いか短くなっているので、主局と従局の区別はこれで行う。また、地上局間では、時間差を連続的にするために同時送信するのではなく、従局に一定の送信遅延時間（コーディングディレイ）を与えている。

2.5.3 ロランC電波の伝播特性

ここでは、ロランCに使用されている電波の伝播について、地表波と空間波に分けてそれぞれ特徴を述べていく。

(1) 地表波伝播特性

ロランCの地表波は、海上では昼間で約1400海里、夜間で約1000海里伝播する。しかし、途中に伝導率の小さい陸上などがあると、減衰が大きくなり伝播距離は短くなる。ロランCの送信信号は、パルス波内の位相同期を行っている。この伝播速度は、伝播経路上の伝導率の影響を受け、位相遅れ（二次位相遅れ）を生じる。

図2.8は、二次位相遅れの計算例で

表2.2 パルス繰り返し周期表の一例

基本繰返し	個別繰返し	パルス繰返周期 マイクロセコンド (μs)
SS	0	100,000
	1	99,000
	2	98,800
	3	99,700
	4	99,600
	5	99,500
	6	99,400
	7	99,300
SL	0	80,000
	1	79,900
	2	79,800
	3	79,700
	4	79,600
	5	79,500
	6	79,400
	7	79,300
SH	0	60,000
	1	59,900
	2	59,800
	3	59,700
	4	59,600
	5	59,500
	6	59,400
	7	59,300

（注） PPS は、pulses per second の略号。

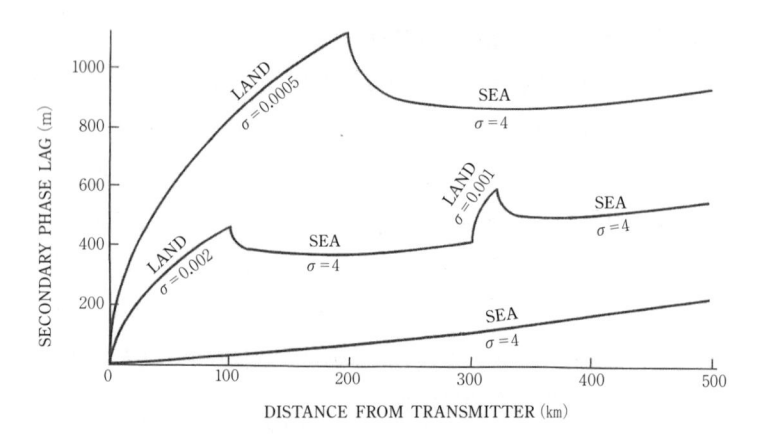

図2.8 二次位相遅れの計算例

あり、下部の曲線は海上伝播における二次位相遅れを、中央の曲線は送信局から100 km陸上伝播し、その後、海上に出てさらに送信局から300 kmの所にある島を横切って伝播した場合の二次位相遅れを、上部の曲線は送信局から導電率の非常に小さい陸上を200海里伝播し、その後、海上伝播した場合の二次位相遅れを示している。またロランC電波の自由空間中の仮定伝播速度は299.6929 m/μsecであり、計算にはこの値を用いている。

(2) 空間波伝播特性

ロランCで使用されている100 KHzの長波は、電離層の最下部D層で反射されるために昼夜とも受信される。この内、D層1回反射波は、昼夜とも約2300海里、多重反射は3500海里以上伝播する。その中で測位で用いられるのはD層1回反射のみであり、その反射高度は昼間約73 km、夜間約91 kmである。その際の空間波遅延量は図2.9のようになる。しかし、この反射高度は、電波の電離層入射角、電子密度分布、磁界および衝突周波数により変化する(図2.10)。このため、空間波を利用した測位精度は地表波を利用した場合に比べて大きく劣る。また、空間波遅延量は、反射高度が低くなるほど、局からの距離が大きくなるほど小さくなる。そして最小約38 μsecになると受信パルス波内に地表波と空間波が混在することになる。

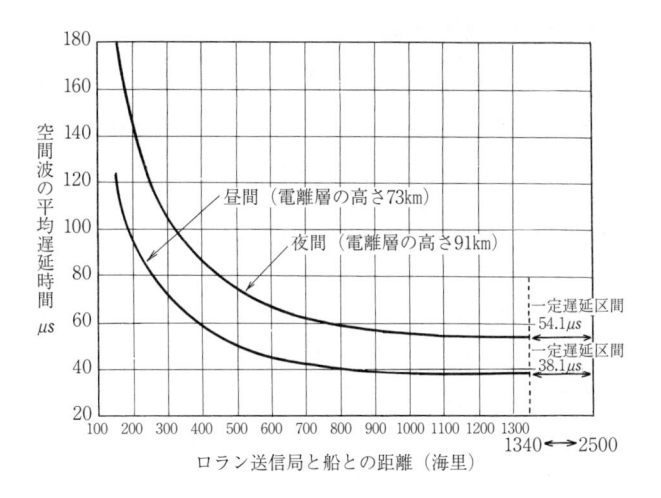

2.5 ロランC（LOng LArge Navigation C） *33*

図2.9 D層1回反射空間波の平均遅延時間曲線

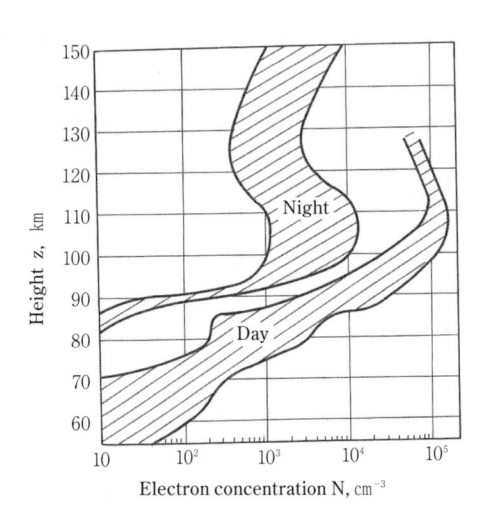

図2.10 電離層電子密度の変化範囲と高度の関係

2.5.4 ロランCの位置誤差

　ここでは、ロランCで測位した際に生じる位置誤差について説明する。時間差測定誤差を Δt、測定点から主従局の2局を望む角を φ とすれば、時間差測定誤差による位置の線の偏位量 $E_{\Delta t}$（海里）は、

$$E_{\Delta t} = 0.081 \cdot \Delta t \cdot \operatorname{cosec} \frac{\varphi}{2} \tag{2.1}$$

となる。ここで、Δt は μsec 単位である。これより φ が0に近づくほど、すなわち基線延長線に近くなるほど、位置の線の偏位量は大きくなり、基線上で最小となることがわかる。また、ロランチャート、テーブルの誤差や位置の線の記入誤差など、地上局との相対位置関係で変化しない誤差を a とすれば、これらを加味した位置の線の偏位量 E（海里）は、

$$E = \sqrt{a^2 + E_{\Delta t}^2} \tag{2.2}$$

となる。またロランCで求めた2本の位置の線の偏位量 E_1、E_2 が中央誤差値でそれぞれ r_1、r_2 であったとすると、その位置の線の交角が θ であれば、船位がその中に収まる確率が50%である確率楕円の面積 Q_{50} は、

$$Q_{50} = 9.577 r_1 r_2 \operatorname{cosec} \theta \tag{2.3}$$

となる。またこの面積を持つ円の半径 R_{50} は、

$$R_{50} = 1.746 \sqrt{r_1 r_2 \operatorname{cosec} \theta} \tag{2.4}$$

となる。これは求めた船位の精度の目安となる。

第3章　衛星航法

　衛星航法とは、人工衛星を利用して観測者の位置を求める測位技術である。衛星航法は、他の測位技術に比べて、
- 使用する信号電波が電離層を通抜する必要があるために、比較的短い波長（周波数が高い）の電波を利用しなければならない。しかし、逆に波長が短過ぎる（周波数が高過ぎる）と、雨などの影響を受けてしまうために、利用可能な信号電波の波長（周波数）が限られる。
- 観測者は、衛星の位置情報が必要となる。

という欠点がある反面、
- 衛星から送られてくる電波を受信できる場所ならば、どこにいても測位できる。
- ある程度の測位精度で良ければ、地上局からの支援なしで測位できる。

という利点がある。本章では、この衛星航法について述べていく。

3.1　測位原理

　衛星航法の測位原理は、衛星から送られてくる電波のドップラーシフトを利用する方法と衛星から送られてくる電波の到達時間を利用する方法の2つに大別できる。

3.1.1　ドップラーシフトを利用する方法

　ドップラーシフトを利用して観測位置を求める方法のイメージを図3.1に示す。
　位置（軌道）情報が既知である衛星から送信された電波を受信する。その電波はドップラー効果によって衛星が観測者に近づいてくるときに周波数が高く、遠ざかるときに周波数が低くなる[※]。この周波数の変化をドップラーシフ

トという。衛星が観測者の上空を通過する間、受信した電波の周波数のドップラーシフトを測定する。測定開始時の衛星の位置を P_1、ある一定時間たった後、2回目の測定を行った際の衛星の位置を P_2、さらに、ある一定時間たった後、3回目の測定を行った際の衛星の位置を P_3 とし、ドップラー効果による周波数の変化を求めると、次式より、P_1 から観測者までの距離と P_2 から観測者までの距離の距離差が求まる。

$$r_2 - r_1 = \frac{C}{f} \cdot \text{ドップラーの波数} - \frac{C}{f} \Delta f(t_2 - t_1) \tag{3.1}$$

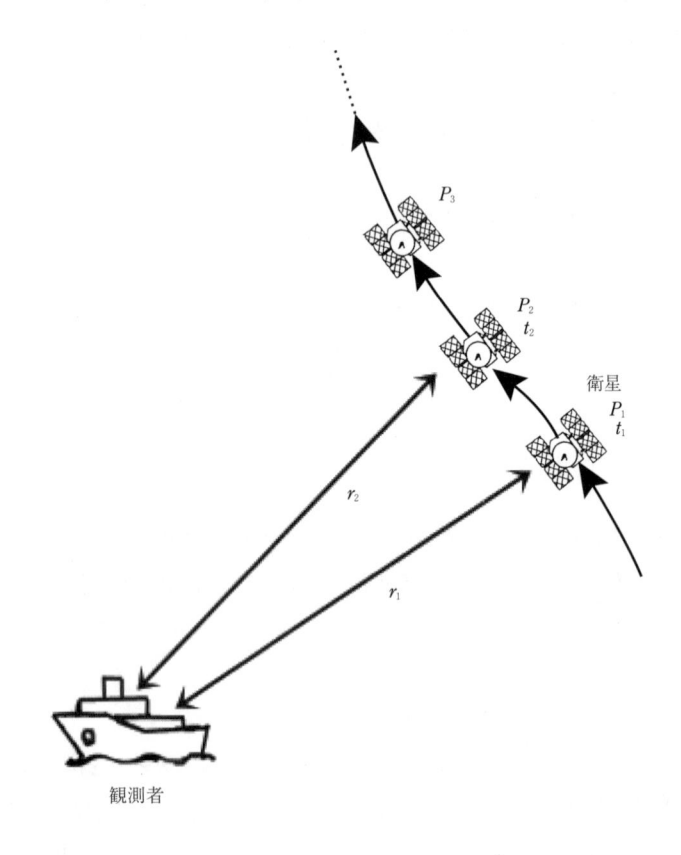

図3.1 ドップラーシフトを利用して観測位置を求める方法のイメージ

r_1：P_1 から観測者までの距離

r_2：P_2 から観測者までの距離

C：光速

f：使用周波数

Δf：周波数の変化量

すると、前章の双曲線航法のところで述べたとおり、2地点からの距離差一定となる点の軌跡は、双曲線になるので、P_1 と P_2 を焦点とする双曲線が得られる。この双曲線が1本目の観測者の位置の線となる。また、同様に P_2 と P_3 についてもこれらの点を焦点とする双曲線が得られる。この双曲線が2本目の観測者の位置の線となる。この2つの位置の線は2点で交わり、そのうち、観測者の推測位置に近い方が観測者の実測位置となる。

※身近な例として、救急車が近づいてくる場合は、サイレンの音が高く聴こえ、救急車が遠ざかる場合は、サイレンの音が低く聴こえる現象がある。

3.1.2 到達時間を利用する方法

この方法のイメージを図3.2に示す。

位置（軌道）情報が既知である衛星から送信された電波を受信する。衛星～観測者間の距離は、電波の到達時間に光速を掛けることで求まる（この距離を疑似距離という）。すると、観測者の位置は、衛星の位置を中心とし、疑似距離を半径（図3.2中の R_A, R_B, R_C）とする球の表面上に存在することになる。これを複数の衛星について行う（使用する衛星が1つの場合は、複数回行う）といくつかの球ができる。すると、それら球の表面が交わる点が2ヵ所できるので、そのうち、地球表面に近い点が観測者の位置（図3.2中の P）となる。もうひとつの点は、地球表面から遠く離れた位置となる。

3.2 衛星航法の代表例

本節では、代表的な衛星航法システムをいくつか紹介する。

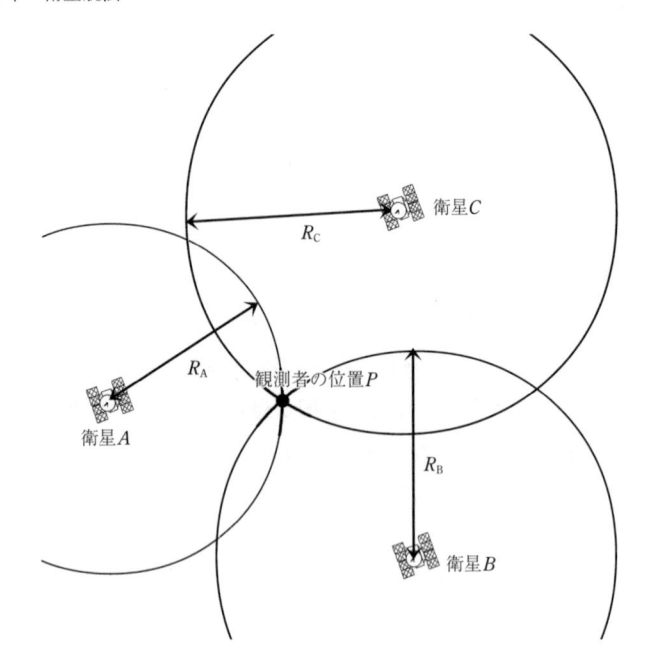

図3.2 到達時間を利用して観測位置を求める方法のイメージ

(1) NNSS（Navy Navigation Satellite System）

NNSSは、世界で最初に実用化された衛星航法システムで、前述のドップラーシフトを利用して測位する。開発当時、衛星から送られてくる信号電波のドップラーシフトを測定して衛星の位置を求めていたが、これを逆に利用し、地球上にいる観測者の位置を測定する方法として提案され、1967年に実用化された。当時、全世界をカバーする測位システムとして双曲線航法のオメガが実用化されていたが、オメガよりも高精度であり、受信装置が小型で廉価であるという利点があった。しかし、NNSSに使用している衛星は極軌道衛星※であったことから、観測者が極から離れると衛星からの信号が長時間受信できない状態になることがあった。そこで、自船の針路と速力から船位を推測する推測航法との併用が必要であった。1996年に後で詳しく説明するGPSの発展とともに運用を停止した。

※極軌道衛星とは、地球の極もしくはその付近を通る軌道を採用した衛星のことである。軌道傾斜角は赤道に対して、ほぼ直角となる。

(2) GPS（Global Positioning System）

GPSは、アメリカ合衆国が軍事目的で開発した全地球を対象とした衛星航法システムで、6つの軌道を通る24機（その他に、各軌道にそれぞれ予備機がある）の衛星から送信される電波の到達時間を利用して測位する。1978年に運用が開始された。現在、GPSは軍事目的の利用だけでなく、民間でも利用できるようになっており、世界で最も普及している衛星航法システムである。GPSの詳細については次節で述べる。

(3) GLONASS（GLObal NAvigation Satellite System）

1976年にソビエト連邦（現在のロシア連邦）が軍事目的で開発し、現在はロシア連邦が運用しているGPSと類似の全地球を対象とした衛星航法システムである。GPSや後述のGalileo、Compassとの大きな違いとして、GPS等は、各衛星で使用する電波の周波数が同じで使用する符号が違うCDMA（Code Division Multiple Access）方式を採用しているのに対して、GLONASSは衛星ごとで使用する電波の周波数が違うFDMA（Frequency Division Multiple Access）を採用していることが挙げられる。開発の途中、ソビエト連邦の崩壊により開発速度が落ちたが、インドの協力を得ることによって開発の速度が再加速した。また、GLONASSは民間でも利用できるようになっており、最近打ち上げられたGLONASS衛星では、GPS等との互換機能を持たせるためにCDMA方式に対応する電波を送信できるようになっている。

(4) Galileo

Galileoは、EU（欧州連合）主体で開発している全地球を対象とした衛星航法システムである。Galileoの大きな特徴は、民間ベースで開発しているシステムであるために、軍事目的で有事の際に精度が劣化したり、システムが停止しないことである。

(5) Compass

Compassは、中華人民共和国が独自で開発している全地球を対象とした衛

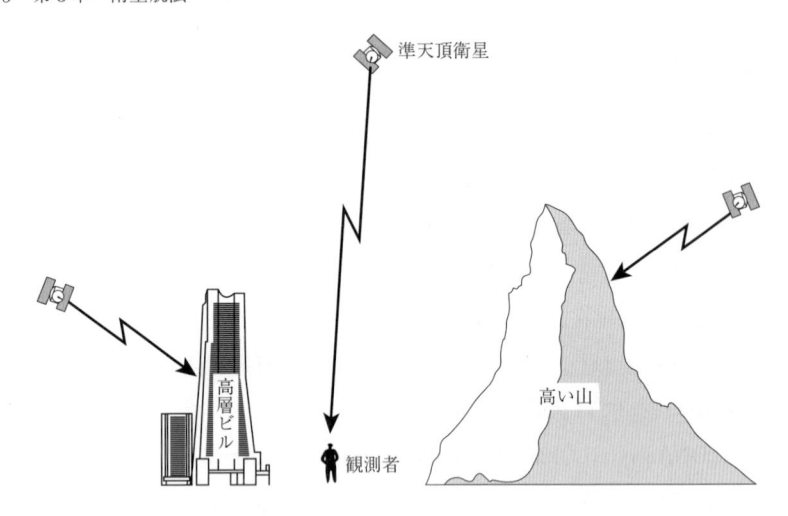

図3.3　準天頂衛星の特徴

星航法システムで、30機の中軌道衛星と5機の静止衛星で構成される。

(6)　準天頂衛星システム

日本が開発している衛星航法システムで、前述の他のシステムが全地球を対象としているのに対し、日本周辺の地域だけで利用できるシステムである。このシステムで使っている衛星は、日本周辺の上空だけを通る軌道を採用しており、その名のとおり、地球表面にいる観測者がほぼ真上（準天頂）に衛星を見ることができる。よって、観測者が高い山や高層ビルに囲まれており、GPS衛星などから送られてくる信号電波が、山や建物に遮られて受信できないような場合でも、図3.3のように、準天頂衛星システムで利用している衛星から送られてくる信号電波は受信できる。

3.3　GPS（Global Positioning System）

ここからは、前節で述べた衛星航法のうち、現在、世界中で最も広く利用されているGPSについて詳しく述べていく。

3.3 GPS(Global Positioning System) *41*

3.3.1 GPSの概要

GPS は Global Positioning System を略したもので、NNSS に代わるものとして1992年頃から運用されている衛星測位システムである。このシステムは、図3.4に示すように、地上約20,200 km 上空の6つの軌道にそれぞれ4個ずつ計24個の衛星を配置し、世界中のどこにいても常に4個以上の衛星が観測可能であり、常時3次元測位が可能となるようにしたものである。

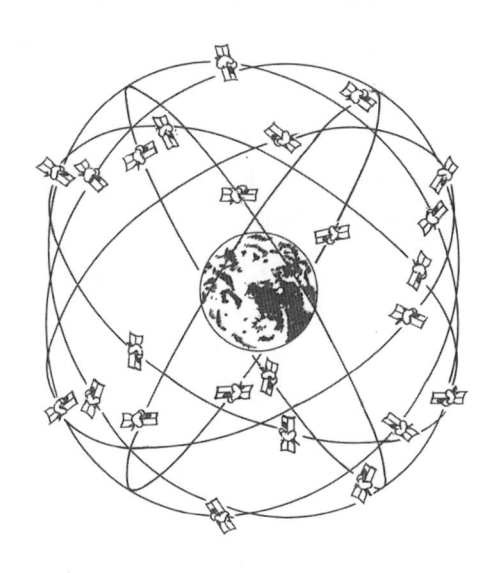

図3.4 GPS衛星の衛星配置

3.3.2 GPS衛星から送られてくる電波と信号

GPS衛星から送られてくる電波はPSK変調(3.3.4参照)により、スペクトル拡散された信号である。その信号をPRN符号(3.3.3参照)という。このような信号は、L_1(10.23 MHz × 154 = 1,575.42 MHz)と L_2(10.23 MHz × 120 = 1,227.6 MHz)の2つの周波数に乗せて送られてくる。L_1とL_2は154:120の比で位相関係が一定の搬送波である。L_1とL_2の2つの周波数を用いるのは、電離層の影響による誤差を補正するためである。

GPSでは、この搬送波にC/AコードとPコードと呼ばれる2つの符号を乗せている。C/AコードはL_1コードのみに用いられ、Pコードよりも精度が低く民間用に公開されている。PコードはL_1コードとL_2コードの両波で送られており精度が高い。しかし、このコードは軍用であって民間用には公開されていない。

3.3.3 PRN(Pseudo Random Noise)符号

衛星から信号を送信する際、C/AコードもPコードもPRN符号化がなされ

る。PRN 符号というのは、図3.5に示すような0と1のパルスの周期的連続波で、この符号は暗号のようになっている。この符号の1ビットはチップと呼ばれ、1秒あたりのチップの数をチップ率という。C/A コードのチップ率は1.023 Mbps であり、P コードでは C/A コードの10倍の10.23 Mbps である。この PRN 符号は周期的に繰り返されており、1周期をコード長という。C/A コードのコード長は1,023ビットとなっている。よって1周期は1 ms である。P コードでは、約 6×10^{12} ビットで、これはちょうど1週間の周期となってい

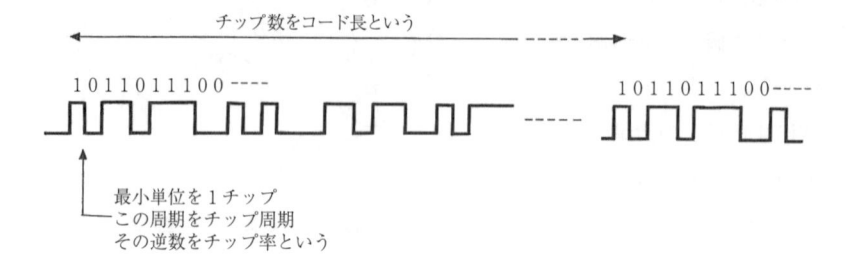

図3.5 PRN 符号

表3.1 C/A コードおよびP コード

	C/A コード	P コード
キャリア周波数	1,575.42MHz（L1） =154×10.23MHz	1,573.42MHz（L1） 1,227.6MHz（L2） =120×10.23MHz
チップレート （ビット率）	1.023Mbps	10.23Mbps
コードの長さ	1,023bit = 1 ms	約 6×10^{12}bit = 7 day
コードの発生 （シフトレジスタビット）	10ビット×2 ゴールドコード	15,345,000ビット +15,345,037ビット
その他		X1 EPOCH =1.5s =15,345,000/10.23Mbps X2 EPOCH 15,345,037/10.23Mbps

毎週日曜日0時 UTC（日本では日曜日午前9時）にリピートすることにより、7日のコード長となっている。

3.3 GPS (Global Positioning System)

る。これらのことについて表にまとめたものを表3.1に示す。

この PRN 符号を作るのは、シフトレジスタを図3.6のように接続することによって得られる。この回路は与えられたシフトレジスタの個数 n に対して最大周期を持つ系列であり、M 系列 PRN 符号発生器といわれ、コード長 l は、

$$l = 2^n - 1 \text{ビット}$$

となる。したがって、図3.6の場合は $l = 31$ ビットとなる。そして和をとるシフトレジスタを変えることによって違ったPRN 符号を作ることができる。このような M 系列 PRN 符号を2組、図3.7のように接続したものを G 系列符号発生器(ゴールド符号発生器)という。

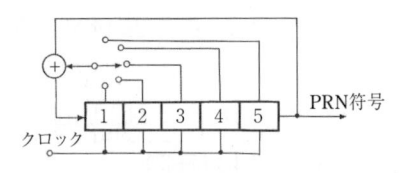

図3.6 M 系列 PRN 符号発生器

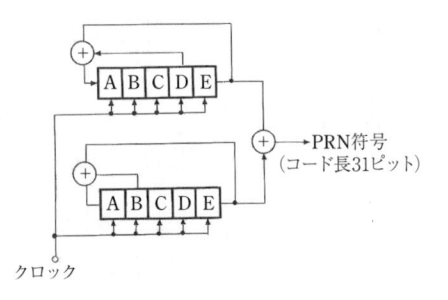

図3.7 2個の PRN 符号発生器による G 系列符号発生器

G 系列符号発生器の発生しうる PRN 符号の種類 Q は、

$$Q = l + 2$$

であり、図3.7の場合は $Q = 33$ 種類となり、多種類の符号が作れることがわかる。C/A コードは、図3.8のような10段からなる G 系列符号発生器から作られ、

$$\text{コード長} l = 2^{10} - 1 = 1,023 \text{ビット}$$

であり、クロックとして1,023 Mbps を使うとチップ率は同じく1,023 Mbps となる。

P コードも仕組みは同じであるが、G 系列符号発生器の一方は、15,345,000ビット、他方は15,345,037ビットになっている。これはビット数が互いに素であって周期が極めて長く、毎週日曜日の 0 時 UTC にリセットして正確に 1 週間周期を保っている。

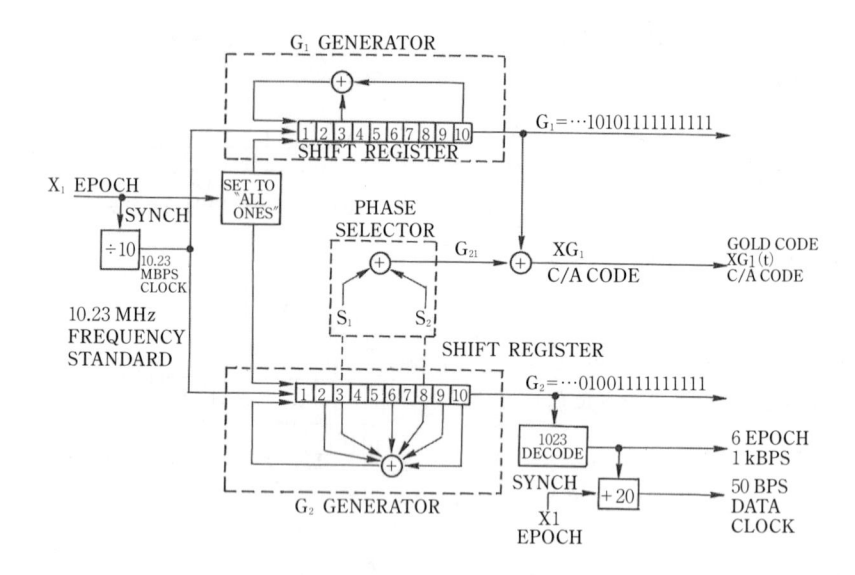

図3.8 10段からなるG系列符号発生器

3.3.4 PSK (Phase Shift Keying) 変調とスペクトル拡散

上述の PRN 符号で変調されている C/A コードや P コードを搬送波にのせるには PSK 変調を行う。PSK 変調とは、1 と 0 に応じて図3.9のように、搬送波の位相を変化させるものである。

この PSK 変調は、NNSS でも用いられており、この位相変化は60°である

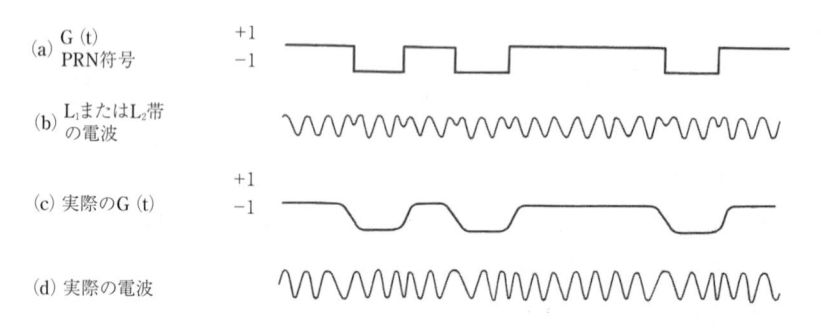

図3.9 PSK 変調

3.3 GPS (Global Positioning System)

が、GPSでは180°の位相変化を与えている。このような位相の急激な反転が生じるとその波形は鋭くなる。これは、周波数スペクトルを拡げることになる。この様子を図3.10に示す。この図は、L_1 および L_2 帯の周波数スペクトルを示したものである。

L_1 および L_2 帯の中心部に後述する航法メッセージのスペクトルが見られるが、これは100 Hz 程度であり、ほとんど見えないくらいに細い。このようにPSK変調によってスペクトルが拡がることからスペクトル拡散通信方式と呼ぶ。スペクトル拡散通信方式は図3.11に示すような特徴がある。

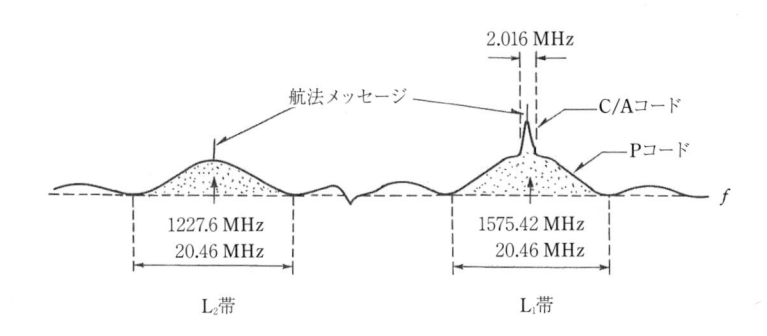

図3.10 スペクトル拡散後の L_1 および L_2 帯の周波数スペクトル

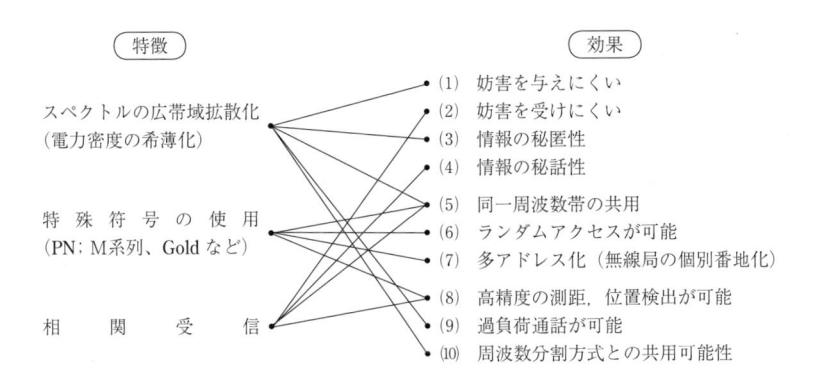

図3.11 スペクトル拡散方式の特徴

特徴
- スペクトルの広帯域拡散化（電力密度の希薄化）
- 特殊符号の使用（PN：M系列、Gold など）
- 相関受信

効果
(1) 妨害を与えにくい
(2) 妨害を受けにくい
(3) 情報の秘匿性
(4) 情報の秘話性
(5) 同一周波数帯の共用
(6) ランダムアクセスが可能
(7) 多アドレス化（無線局の個別番地化）
(8) 高精度の測距、位置検出が可能
(9) 過負荷通話が可能
(10) 周波数分割方式との共用可能性

3.3.5 航法メッセージ

衛星に限らず、天体にしても地物にしても、これを船位決定に利用するときは、まず、その物標のある座標位置が必要である。GPS衛星は周回衛星であるから、時々刻々と物標となる衛星の位置が変化している。したがって、ある瞬間の衛星位置が求まるようなデータが必要となる。GPSは、3.1.2で述べた衛星から送信された電波が測定位置に到達するまでの所要時間を観測して位置決定を行うシステムである。すなわち、送受信に要した時間によって、衛星と測定位置間の距離を求めるものであるから、正確な時間が必要となる。これらのデータのことを航法メッセージという。

航法メッセージは、C/AコードやPコードと同じPSK変調によって電波にのせるが、ビット率が異なる。航法メッセージのビット率は、50 bps でC/Aコードの1.023 Mbpsと比べると極めて小さい。そしてデータは1,500ビットであるので、これを全部送るのに30秒を要する。この30秒を1フレームというが、1フレームは図3.12に示すように、6秒間300ビットずつ5個のサブフレームに分割されている。ただし、第4と第5のサブフレームは30秒ごとに別のデータに入れ替わる。これをページといい、両サブフレームとも12ページあり、12.5分ごとに同じデータが繰り返し送信される。これらのデータの内容を表3.2に示す。

3.3.6 受信波の解読

これまで述べたように、GPSで使用している信号電波は暗号のようになっているため、GPSを用いて測位をする場合にこの信号を解読する必要がある。解読するためには、手元に暗号解読表としてC/AコードまたはPコードのコードパターンが必要である。ただし、Pコードは民間には解放されていないので民間が使うことはできない。

スペクトル拡散された信号を復調するためには、図3.13のように、受信電波に手元にあるコードパターンを掛け合わせる必要がある。これを逆拡散というが、具体的には、図3.14のようにコードパターンに応じてスイッチをオンオフすれば、送信時に反転された位相部分は、再度反転されるから位相一定の信号

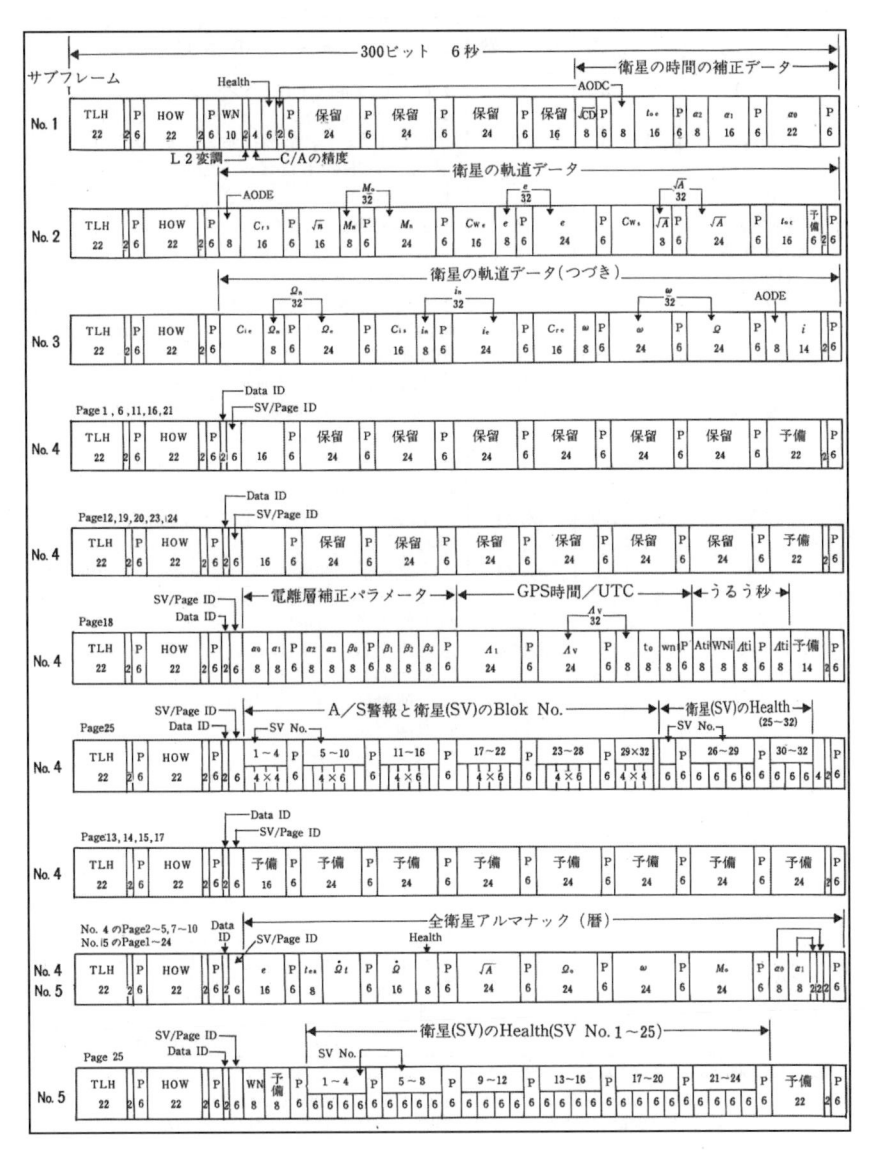

3.3 GPS (Global Positioning System) 47

図3.12 衛星から送られてくる航法メッセージのフォーマット

表3.2 衛星から送られてくるデータの

記　号	サブフレームNo.	ビット数	データの意味
TLM	1～5	22	テレメータ語　同期パターン(8)，テレメータデータ(14)，ハンドオーバ語　C/Aコードから P コードを捕捉するためのデータ (Z カウントの下17ビット分)
HOW	1～5	22	
WN	1, 4, 5	10, 8	週番号1980.1.6からの週の数
L2変調	1	2	L2の変調が P/C/A
C/A精度	1	4	C/Aコードの測位精度, 2^Nm の N を示す．
Health	1, 5	6, 8	衛星の健康状態
T_{GT}	1	8	1周波受信機用遅延補正
AODC	1	10	時計補正データの年代＝$t_{oc}-t_L$ ($a_0$etc.の作成時間)
t_{oe}	1	16	時計補正用基準時間(毎週のはじめよりの(S))
a_0, a_1	1, 5	22, 16	$\begin{cases} \text{GSPシステム時間 } t=t_v-(衛星時間)-\varDelta_{s0} \\ \varDelta t_{s0}=a_0+a_0+a_1(t-t_{oc})+a_2(t-t_{oc})^{2(*1)} \end{cases}$
a_1	1	8	
AODE	2, 3	8	軌道予測の年代＝t_{oa}－（予測作成時間）
t_{oe}	2	16	軌道要素の基準時間　(同上)
M_0	3, 4, 5	32, 24	t_{oe} における平均近点離角　(半円)
e	2, 4, 5	32, 16	離心率
$\sqrt{A}$	3, 4, 5	32, 24	長半径の$\sqrt{\ }$ (m$^{1/2}$)
$\varOmega_0$	3, 4, 5	32, 24	昇交点赤径　(半円)
i_0	3	32	軌道傾斜角　(半円)
ω	3, 4, 5	32, 24	近地点引数　(半円)
$\dot{\varOmega}_0$	3, 4, 5	32, 16	昇交点の摂動　(半円/s)
$\varDelta n$	2	16	平均運動の補正　(半円/s)
$\dot{i}$	3	14	軌道傾斜角の摂動　(半円/s)
δi	5	16	$i_0=60°\pm\delta i$　(半円)
C_{uc}	2	16	⎫
C_{us}	2	16	⎪
C_{rc}	3	16	⎬ 軌道の乱れの補正項
C_{rs}	2	16	⎪
C_{ic}	3	16	⎪
C_{is}	3	16	⎭
Data ID	2	4, 5	フェイズ I データ/フェイズ III データ
SV/Page ID	6	4, 5	衛星の番号/ページの番号
$\alpha_0\sim\alpha_3, \beta_0\sim\beta_0$	1	8×8	電離層補正用パラメータ
t_{oa}	4, 5	8	サブフレーム4と5の基準時間 (s)

(注)　*1　300,400sec≥$(t-t_{oe})$≥－302,400sec，但し302,400は1週間の秒数に当たる．

　　　*2　平均運動 $n_0=\sqrt{\mu/A^3}$ 軌道のときである．実際の NAVSTAR では衛星の軌道半径を 26,427～26,693km 程度あるいは離心率0.003程度まで考えており，そのための正補が $\varDelta n$ である．

3.3 GPS (Global Positioning System)　49

意味と衛星位置の計算

衛 星 位 置 の 計 算 方 法

μ＝(万有引力常数)×(地球質量)＝3.98608×10^{14} m³/s²
Ω_e＝地球の自転速度＝7.292115147×10^5 rad/s (WGS-72)
長半径 $A=(\sqrt{A})^2$
平均運動　　$n_0 = 360°/$周期$= 2\pi\sqrt{\mu}/2\pi\sqrt{A}$
　　　　　　　　$= \sqrt{\mu/A^3}$ (円軌道のとき)(*2)
平均運動の補正　　$n = n_0 + jn$
t_{oc} からの時間　　$t_k = t - t_{oc}$(*3)
t_k における平均近点離角　　$M_k = M_0 + nt_k$
ケプラーの方程式　　$E_k = M_k + e\sin E_k$(*4)
動径　　　$s_k = A(1 - e\cos E_k)$
　　　　　$\cos v_k = (\cos E_k - e)/(1 - e\cos E_k)$ ⎱
　　　　　$\sin v_k = \sqrt{1-e^2}\sin E_k/(1 - e\cos E_k)$ ⎰ 軌道面上の衛星位置
緯度偏角(赤道面と動径との偏角)　　$\phi_k = v_k + \omega$
軌道の乱れの補正 ⎧ $\delta u_k = C_{uc}\cos 2\phi_k + C_{us}\sin 2\phi_k$
　　　　　　　　　⎨ $\delta r_k = C_{rc}\cos 2\phi k + C_{rs}\sin 2\phi_k$
　　　　　　　　　⎩ $\delta i_k = C_{1c}\cos 2\phi_k + C_{1s}\sin 2\phi_k$
軌道方向の補正　　$u_k = \phi_k + \delta u_k$
半径方向の補正　　$r_k + r_k + \delta r_k = A(\cos E_k) + \delta_k$
傾斜角の補正　　　$i_k = i_0 + it_k + \delta i_k$
軌道面上位置(補正ずみで) ⎰ $x_k' = r_k \cos u_k$
　　　　　　　　　　　　　⎱ $y_k' = r_k \sin u_k$
$x_k = x_k'\cos \Omega_k - y_k'\cos i_k\sin \Omega_k$
$y_k = x_k'\cos \Omega_k - y_k'\cos i_k\sin \Omega_k$
$y_k = x_k'\sin \Omega_k - y_k'\cos i_k\cos \Omega_k$
$z_k = y_k'\sin i_k$
地球固定 XYZ 座標系上の位置となる。

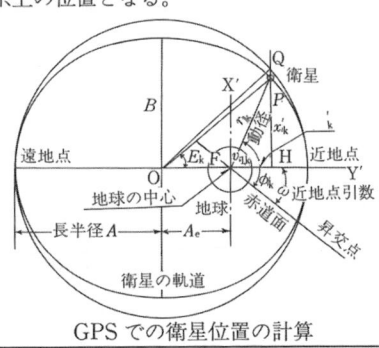

GPS での衛星位置の計算

*3　302,400sec ≧ t_k ≧ −302,400sec
*4　$\sin$ の中を E_k≒M_k として Ex を求め，その Ek を $\sin$ に入れる繰返し計算で解く。
*5　UTC パラメータ (GPS 時間/UTC とうるう秒) は運用制御部分が運用されるまでは組込まれないだろう。

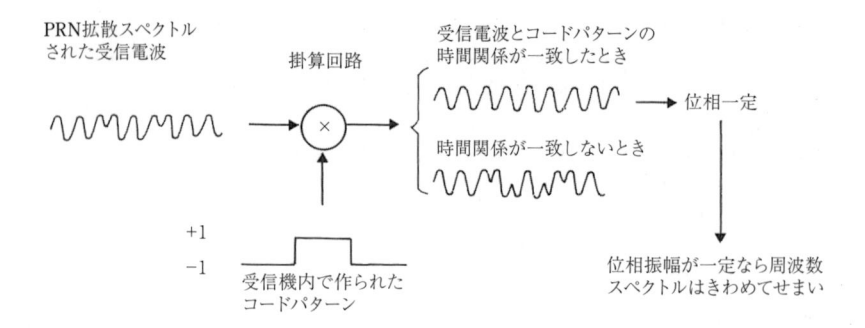

図3.13　逆拡散

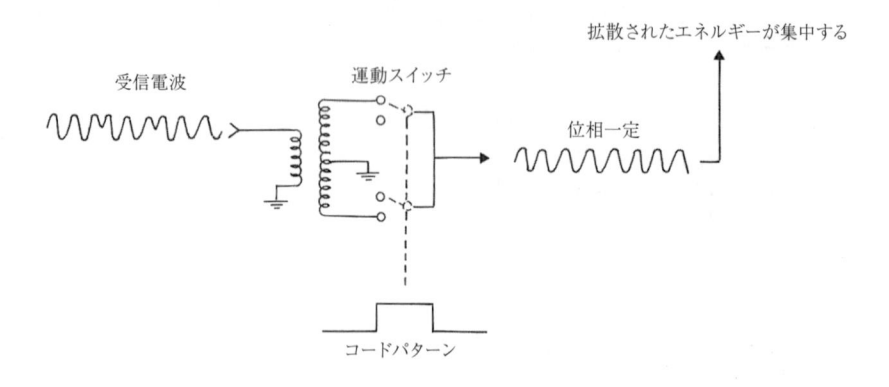

図3.14　逆拡散の概念

となり、送信時の情報信号と等しい狭帯域の航法メッセージを含んだ信号となる。スペクトル拡散送信と受信復調の原理を図3.15に示す。図3.13からわかるとおり、受信側の手元にあるコードパターンが衛星から送られてくるものと異なっていると、復調後の出力の位相が一定とならず受信できないことになるから、同一周波数で多くの衛星が送信していても混信は起こらないことになる。

また、図3.11でスペクトル拡散方式は「妨害を受けにくい」という特徴を挙げたが、図3.16に示すように、スペクトル拡散された信号の中に狭帯域の妨害電波が入ってきたときは、これを逆拡散すると、信号電波に対しては一定スペクトルとして取り出すことになるが、妨害電波の一定スペクトルに対しては、

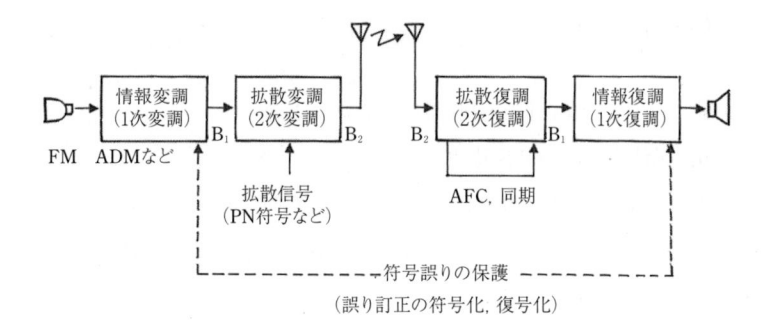

3.3 GPS (Global Positioning System)

図3.15 スペクトル拡散方式の基本構成

スペクトルを拡散することになるので、逆拡散後に信号帯域に入ってくるスペクトルは著しく抑圧されることになって妨害を受けにくくなるのである。

3.3.7 位置計算の原理と計算式

GPSで用いられる位置決定法は、衛星からの距離によるものである。これはレーダなどと同じであるが、衛星は常に移動しているので、まず、ある瞬間における衛星の位置を決定し、その位置で発射された電波を地上で受信するまでの時間を測定し、その伝播時間に速度を乗じて距離を求めるのである。後で述べる処理を施さない受信された生の距離のことを疑似距離という。疑似距離という名前になっているのは、次式のように種々の誤差が入っており、真の距離ではないからである。

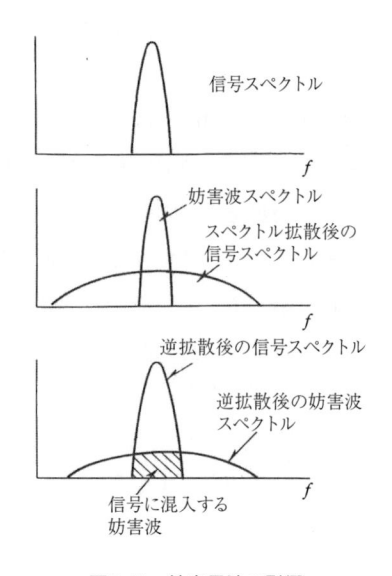

図3.16 妨害電波の影響

$$R_p = R_t + c(\Delta t_r - \Delta t_s) + c \cdot \Delta t_d \tag{3.2}$$

ここで,

  R_p : 疑似距離

R_t：真の距離

c：光速

Δt_r：受信機内時計の GPS 時間からのズレ

Δt_s：衛星時計の GPS 時間からのズレ

Δt_a：電離層や対流圏通過時の電波伝播遅延時間

この式からわかるように、真の距離 R_t を求めるには、Δt_r、Δt_s、Δt_d などの補正を行わなければならないが、Δt_s は、衛星からデータブロックの中の a_2 の記号のところで送られてくる。Δt_a は、L_1 と L_2 を用いると消去できるが、C/A コードの場合は L_2 が利用できないので、2周波による消去ができない。しかし、C/A コードのみを利用するユーザーのために、Δt_d 補正のための推定データは $α_i$、$ß_i$、T_{GT} の記号の中で送られてくる。よって、ある程度の補正が可能である。残る Δt_r がわかれば R_t が求められるが、Δt_r は未知数として計算式の中に入れられ、連立方程式として解かれることになる。衛星からの距離がわかれば、衛星を中心として、その距離を半径とする球が決定できるので、3個の衛星がそれぞれ3個の球を決定すると3次元の位置が求められる。しかし、図3.17に示すように、前述の時計のズレ Δt_r があるので一点では交わらない。

図3.17は、2次元測位の場合を示しているが、このためにもう1つの衛星を使って、コックドハットがなくなるような3個の円を等量ずつ修正し、2つの円が一点で交わったとき、時計のズレ Δt_r が修正されたことになる。以下に具体的な計算法を示す。図3.18から、

$$r_{0i} = \sqrt{(x_0 - x_i)^2 + (y_0 - y_i)^2 + (z_0 - z_i)^2} \tag{3.3}$$

$$r_i = r_{0i} + s$$

ただし，r_{0i}：真の距離

$$s = c \cdot \Delta t_r$$

$$\therefore r_i = \sqrt{(x_0 - x_i)^2 + (y_0 - y_i)^2 + (z_0 - z_i)^2} + s \tag{3.4}$$

この式は、未知数に対して線形ではない。

このような式の解を求める常套手段は、未知数をその近似値と補正値の和で表し、その式を補正値で展開し、2次以上の項を無視して線形として扱う。そ

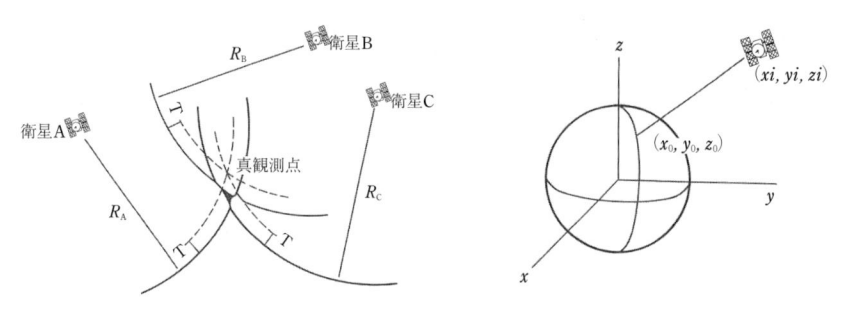

3.3 GPS (Global Positioning System)

図3.17 観測点付近での位置の円

図3.18 座標系

うすれば、補正値についての連立1次方程式となり、容易に補正値が求められる。この補正値に近似値を加えて第1次の解とする。1次解はまだ誤差を含んでいるので、新しい未知数をこの1次解と新たな補正値の和と置き直して、以上の計算過程を繰り返すことにより、逐次近似法として補正値が十分小さくなるまで計算し最終解を得る。

いま、初期の推定値としての近似値を x'、y'、z' とし、その補正量を Δx、Δy、Δz とすると、

$$x_0 = x' + \Delta x、y_0 = y' + \Delta y、z_0 = z' + \Delta z$$

(3.4) 式の真位置を推定位置 x'、y'、z' におきかえる。

$$r'_i = \sqrt{(x' - x_i)^2 + (y' - y_i)^2 + (z' - z_i)^2} \tag{3.5}$$

ただし、s はもともと1次式の形をとっているからこの場合は除外してよい。まず次の式を計算する。

$$\frac{\partial r'_i}{\partial x'} \fallingdotseq \frac{x' - x_i}{\sqrt{(x' - x_i)^2 + (y' - y_i)^2 + (z' - z_i)^2}} \tag{3.6}$$

$\partial r'_i/\partial y'$、$\partial r'_i/\partial z'$ についても同様な計算を行うと

$$r_i = r'_i + s + \frac{\partial r'_i}{\partial x'} \Delta x + \frac{\partial r'_i}{\partial y'} \Delta y + \frac{\partial r'_i}{\partial z'} \Delta z \tag{3.7}$$

これから、衛星 $i = 1$、2、3、4（3次元測位の場合、未知数が観測者の x、y、z の位置と時計のズレの4つになる。したがって、4つの連立方程式をたてなければならないため、4つの衛星情報が必要となる）に対して次の行列

を得ることができる。

$$\begin{bmatrix} \alpha_1 & \beta_1 & \gamma_1 & 1 \\ \alpha_2 & \beta_2 & \gamma_2 & 1 \\ \alpha_3 & \beta_3 & \gamma_3 & 1 \\ \alpha_4 & \beta_4 & \gamma_4 & 1 \end{bmatrix} \cdot \begin{bmatrix} \Delta x \\ \Delta y \\ \Delta z \\ s \end{bmatrix} = \begin{bmatrix} \Delta r_1 \\ \Delta r_2 \\ \Delta r_3 \\ \Delta r_4 \end{bmatrix} \qquad (3.8)$$

ここで、α_i、β_i、γ_i は、各衛星から観測地点を見る視線方向の余弦の性格を持つ量であり、$\Delta r_i = r_i - r_i'$ であって疑似距離と近似距離との差である。

(3.8) 式を

$$A \cdot \delta X = \delta R \qquad (3.9)$$

と表せば、

$$\delta X = A^{-1} \delta R \qquad (3.10)$$

として Δx、Δy、Δz、s を求めることができる。次に、第1近似値の x'、y'、z' として、同じようにこの Δx、Δy、Δz を補正して、その新しい第2近似値を x'、y'、z' として、同じように近似計算をすればよい。

　上の計算では、逐次近似として位置の補正値を順次小さくするような計算をするのに対し、時間 s は1次式として式の中に入っているので、逐次近似としてズレは小さくならない。そこで、時間についても補正値についても補正値の形をとり、

$$s = s' + \Delta s$$

として、

$$\alpha_i = \frac{x' - x_i}{\sqrt{(x' - x_i)^2 + (y' - y_i)^2 + (z' - z_i)^2}} - s' \qquad (3.11)$$

のような形で解く方法もある。

3.3.8　GPS の誤差

　GPS も他の測位システムと同様に、種々の誤差が複合して理論的な誤差が形成される。その誤差は表3.3のように示されている。表3.3の中で示されている DGPS に関する詳しい説明は3.3.10で述べる。

3.3 GPS (Global Positioning System)

表3.3 GPSとDGPSの測位誤差要因

誤 差 源	GPS誤差の見積り（高精度受信機例、m）	
	単独測位（モデル補正後）	DGPS
(a)衛星の時計誤差	1[1]	0
(b)衛星の軌道誤差	4[1]	0
(c)電離層遅延誤差	4	2 ppm ×局間距離
(d)対流圏遅延誤差	0.5	（電離層＋対流圏）
(e)受信機雑音	0.4	0.56[2]
(f)マルチパス	0.5	0.5
(g)選択利用性（SA）	30	0.04m/sec[3]
(h)利用者等価距離誤差（UERE） $\sqrt{(a^2+b^2+c^2+d^2+e^2+f^2+g^2)}$	30.6	1.5〜2
(i)利用者位置精度 UERE×2(drms)×1.5(HDOP)	91.7	4.5〜6

（注） 1）選択利用性（SA）との分離不可
　　　2）基準局、移動局各々0.4m
　　　3）DGPSメッセージの更新レートの関数
　　　4）(a)〜(h)の誤差は擬似距離誤差、(i)は水平距離誤差

（マグナボックス社資料より）

3.3.9 GDOP (Geometric Dilution Of Precision)

物標の測定によって測位する際に、その測位誤差は、測定に用いるシステムの測定誤差と位置の線の交角条件、すなわち、物標の幾何学的配置によって決まる。図3.19は、測定誤差がいずれも±εであるものが、位置の線の交角条件が変わることによって測位誤差の大きさも変わることを示す例である。このように測定誤差が一定の場合、測位誤差は位置の線の交角条件によって決まるある係数を掛けて得られる。この係数のことをGDOPという。

一般に、

$$y = f(x_1, x_2, x_3 \cdots x_n)$$

という関数があるとき、x_1、x_2、x_3……x_nに含まれる誤差がyにどのような影響を与えるかは、次式のような誤差伝播法則

$$\sigma y^2 = \left(\frac{\partial f}{\partial x_1}\right)^2 \sigma x_1^2 + \left(\frac{\partial f}{\partial x_2}\right)^2 \sigma x_2^2 + \cdots\cdots + \left(\frac{\partial f}{\partial x_n}\right)^2 \sigma x_n^2$$

$$+ 2\frac{\partial f}{\partial x_1}\frac{\partial f}{\partial x_2}\sigma x_1 \cdot x_2 + 2\frac{\partial f}{\partial x_1}\frac{\partial f}{\partial x_3}\sigma x_1 \cdot x_3 + \cdots\cdots \quad (3.12)$$

となる。ここで、σy^2、σx_i^2などはy、x_iの分散、$\sigma x_i \cdot x_j$は$x_i \cdot x_j$の共分散である。また$\partial f / \partial x_1$は、前述のようにこの衛星の視線方向の余弦に関する量である。

また、(3.10) 式よりσy^2に相当する分散を求めると

$$\mathrm{cov}(\delta V) = A^{-1}\mathrm{cov}(\delta R) \cdot (A^{-1})^T \quad (3.13)$$

となる。いま$\mathrm{cov}(\delta R)$が単位行列であるとき

$$\mathrm{cov}(\delta X) = (A^T \cdot A)^{-1} = \begin{bmatrix} \sigma xx^2 & \sigma xy^2 & \sigma xz^2 & \sigma \partial xt^2 \\ \sigma yx^2 & \sigma yy^2 & \sigma yz^2 & \sigma yt^2 \\ \sigma zx^2 & \sigma zy^2 & \sigma zz^2 & \sigma zt^2 \\ \sigma tx^2 & \sigma ty^2 & \sigma tz^2 & \sigma tt^2 \end{bmatrix} \quad (3.14)$$

このとき

$$\mathrm{GDOP} = \sqrt{\mathrm{Trace}(A^T A)^{-1}} \quad (3.15)$$
$$= \sqrt{\sigma xx^2 + \sigma yy^2 + \sigma zz^2 + \sigma tt^2} \quad (3.16)$$

で与えられる。

また、GDOP を空間座標に関する部分と時計に関する部分とに分けて

$$\mathrm{PDOP} = \sqrt{\sigma xx^2 + \sigma yy^2 + \sigma zz^2} \quad (3.17)$$
$$\mathrm{HDOP} = \sqrt{\sigma xx^2 + \sigma yy^2} \quad (3.18)$$
$$\mathrm{VDOP} = \sigma zz \quad (3.19)$$
$$\mathrm{TDOP} = \sigma tt \quad (3.20)$$

という。PDOP は Position Dilution of Precision の略で 3 次元的位置の GDOP であり、HDOP の H は Horizontal、同様に V は Vertical、T は Time を意味する。

上述の係数 A の要素は大部分、衛星～測地点間方向の余弦であった。一方、点 $(x_i, y_i, z_i) = 1、2、3、4$ を頂点とする 4 面体の体積 V は次の行列で与えられる。

3.3 GPS (Global Positioning System) 57

$$V = \frac{1}{6} \begin{bmatrix} x_1 & y_1 & z_1 & 1 \\ x_2 & y_2 & z_2 & 1 \\ x_3 & y_3 & z_3 & 1 \\ x_4 & y_4 & z_4 & 1 \end{bmatrix} \qquad (3.21)$$

これは、(3.9) 式の A と同じ形をしていることから、衛星を結ぶ 4 面体の体積は GDOP と密接な関係があることが推定されるが、4 面体の体積が大きい程、GDOP は小さくなり、測位精度は向上する。

3.3.10 DGPS (Differential GPS)

DGPS の Differential という言葉は、「位置がわかっている場所で測位を決定し、システムの誤差量を検出し、その後、近辺にいる同じ測位システムを使用している利用者に、システムの誤差量または補正係数を送信することによって、測位システムの精度を改善するのに使われる技術」と定義されている。位置がわかっている場所のことを一般に基準局と呼んでいるが、従来無線方位測定に使用されていた中波の電波を利用して修正メッセージを送信することになった。よって、海上では無線標識局が基準局になっている場合が多い。現在、日本近辺の海域では、ほぼ全域で DGPS が利用できるようになっている。

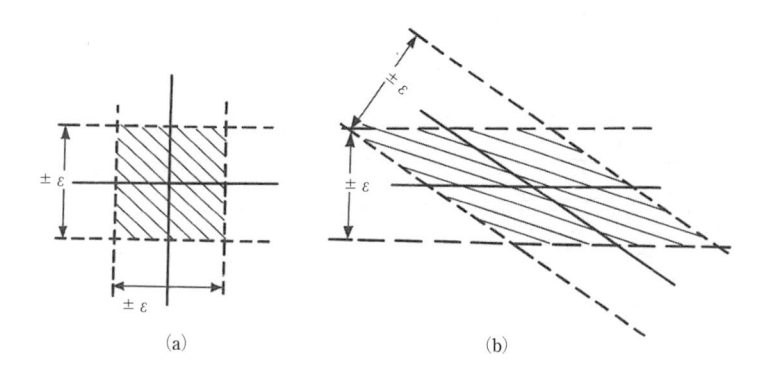

(a)　　　　　　(b)

図3.19　交角による誤差

58　第3章　衛星航法

　図3.20に示すように、GPS基準局の受信機を測量された位置に設置し、図3.21のように、GPS測位による実測位置から求めた各衛星の距離と、各衛星の放送軌道暦による衛星位置から求めた計算距離との差を擬似距離の補正値と

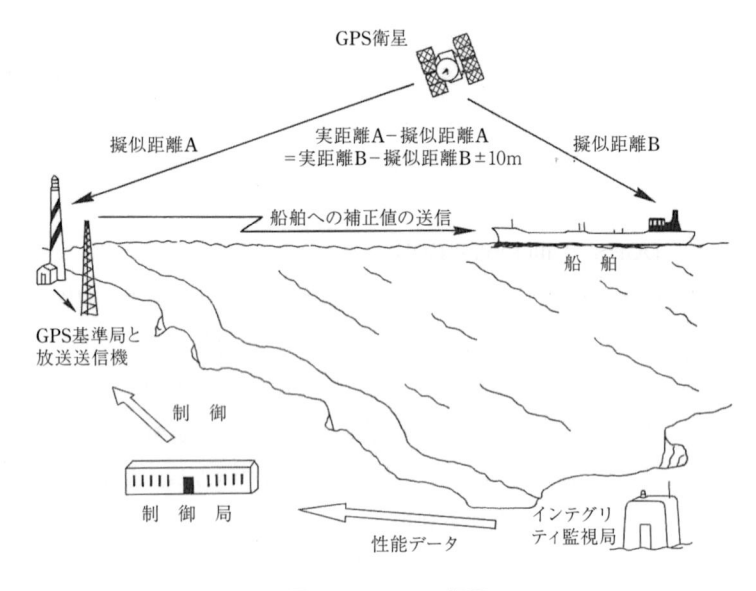

図3.20　DGPSの概要

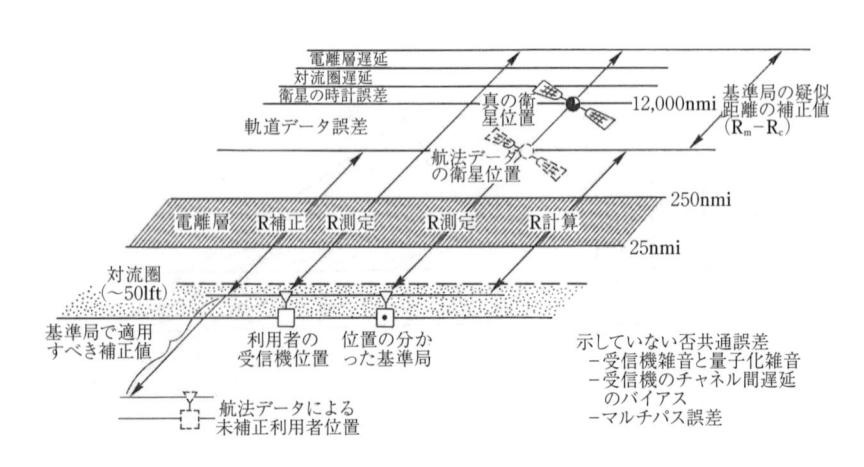

図3.21　DGPSによる誤差の軽減

3.3 GPS (Global Positioning System) 59

して放送する。ユーザー側では各衛星の擬似距離にその補正値を加えて位置を求める。この方法により、伝播経路上の問題、電離層遅延誤差などを減少させることができる。

補正値は、基準局の受信時間とユーザーの受信時間を考慮して次の式で算出できる。

$$PRC(t) = PRC(t(0)) + PRCx(t - t(0))$$

ここで、$PRC(t)$ は補正値、$PRC(t(0))$ はメッセージによる距離補正値、PRC はメッセージによる距離レート補正値、$t(0)$ は補正の時間基準である。

メッセージは、基準局から送信される中波を MSK 変調して放送されるが、メッセージの種類は表3.4のようになっている。

表3.4 DGPS 基準局からのメッセージの種類

型式No.	メッセージの種類	備 考
1	ディファレンシャル補正値	基本のメッセージ
2	デルタディファレンシャル補正値	古い衛星からのメッセージに対応する補正値
3	ディファレンシャル基準局のパラメータ	局の XYZ 座標、局の垂直上方の対流圏遅延、局の健康、局の時計のパラメータの推定値、平均 C/N_0 とメリット指標
4	搬送波の位相(測量用)	測量用受信機は1型のメッセージを使わずにすむよう考えられるとともに、搬送波の位相測定からの瞬時積等分数ドップラーカウントなども含めてある
5	衛星の健康	局の視野中にある衛星の ID、健康、C/N_0 など
6	ゼロフレーム	最初の2語のみ、またはそのあとに1010……の1語他の型式のメッセージを送信していないときもメッセージ同期を保つためのもの
7	無線標識のアルマナック	利用者が最適の無線標識からの補正値を使うための一連の無線標識局の位置、周波数、サービス範囲と健康情報
8	擬似衛星のアルマナック	上と同様の目的での擬似衛星の位置、コードと健康
9	高いレートでのディファレンシャル補正値	特定の衛星の補正値が再々必要になったときに使用
10	Pコードのディファレンシャル補正値	Pコード用に保留
11	C/AコードL1、L2デルタ補正値	C/AコードをL2周波数で送信するようになったとき用に保留
12	健康メッセージ	可変長の自由な形式での健康メッセージ用(ASCⅡ)
13~15	予備	
16	特別メッセージ	自由な特別メッセージ(ASCⅡ)

ここで、「No.1」と「No.9」は、ほぼ常時繰り返して放送されており、「No.3」が毎時15分と45分に割り込み、「No.5」と「No.7」が時間をずらして15分ごとに割り込んで放送される。

メッセージは「No.1」を例にとれば、図3.22のようなフォーマットで送られてくる。まず、どのタイプでも2ワードヘッダが送信され、次いで表3.4のようなメッセージが送られてくる。

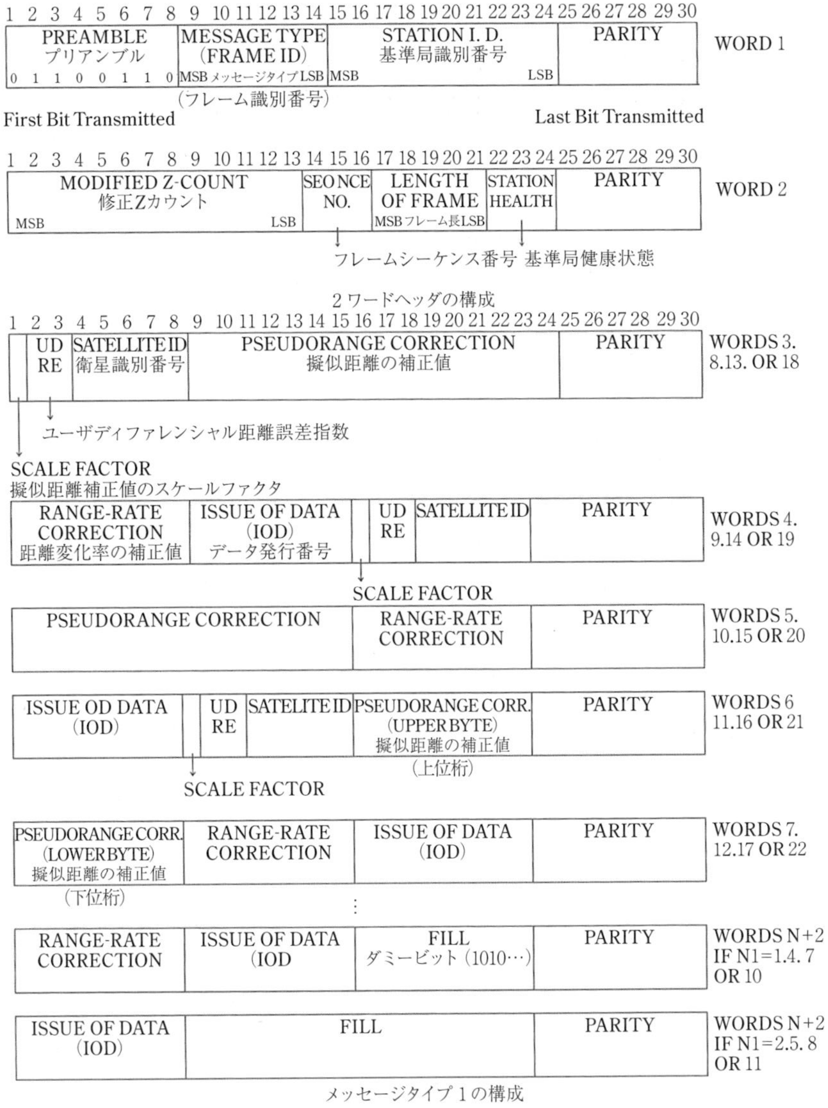

3.3 GPS (Global Positioning System) *61*

1 2 3 4 5 6 7 8	9 10 11 12 13 14	15 16 17 18 19 20 21 22 23 24	25 26 27 28 29 30	
PREAMBLE プリアンブル 0 1 1 0 0 0 1 1 0	MESSAGE TYPE (FRAME ID) MSB メッセージタイプ LSB	STATION I.D. 基準局識別番号 MSB　　　　　　　　　　LSB	PARITY	WORD 1

First Bit Transmitted　　　　　　　　　　　　　　　　　　　　　　　　　　　Last Bit Transmitted

(フレーム識別番号)

1 2 3 4 5 6 7 8 9 10 11 12 13 14	15 16 17 18 19 20	21 22 23 24	25 26 27 28 29 30	
MODIFIED Z-COUNT 修正Zカウント MSB　　　　　　　　　　　　　　　　　LSB	SEQNCE NO.	LENGTH OF FRAME MSB フレーム長 LSB	STATION HEALTH	PARITY	WORD 2

　　　　　　　　　　　　　　　　　　　　フレームシーケンス番号　基準局健康状態

2ワードヘッダの構成

1 2 3	4 5 6 7 8	9 10 11 12 13 14	15 16 17 18 19 20 21 22 23 24	25 26 27 28 29 30	
UD RE	SATELLITE ID 衛星識別番号		PSEUDORANGE CORRECTION 擬似距離の補正値	PARITY	WORDS 3. 8.13. OR 18

ユーザディファレンシャル距離誤差指数

SCALE FACTOR
擬似距離補正値のスケールファクタ

RANGE-RATE CORRECTION 距離変化率の補正値	ISSUE OF DATA (IOD) データ発行番号	UD RE	SATELLITE ID	PARITY	WORDS 4. 9.14 OR 19

　　　　　　　　　　　　SCALE FACTOR

PSEUDORANGE CORRECTION	RANGE-RATE CORRECTION	PARITY	WORDS 5. 10.15 OR 20

ISSUE OD DATA (IOD)	UD RE	SATELITE ID	PSEUDORANGE CORR. (UPPER BYTE) 擬似距離の補正値 (上位桁)	PARITY	WORDS 6 11.16 OR 21

SCALE FACTOR

PSEUDORANGE CORR. (LOWER BYTE) 擬似距離の補正値 (下位桁)	RANGE-RATE CORRECTION	ISSUE OF DATA (IOD)	PARITY	WORDS 7. 12.17 OR 22

⋮

RANGE-RATE CORRECTION	ISSUE OF DATA (IOD)	FILL ダミービット (1010…)	PARITY	WORDS N+2 IF N1=1.4.7 OR 10

ISSUE OF DATA (IOD)	FILL	PARITY	WORDS N+2 IF N1=2.5.8 OR 11

メッセージタイプ1の構成

図3.22　メッセージのフォーマット

第4章　レーダ
(RAdio Detection And Ranging：RADAR)

レーダ (RADAR) とは、RAdio Detection And Ranging の略語であり、電波を使って物標を探知するとともに物標までの距離を測ることができる。航海においては、測位や長距離物標の探知、特に視界制限状態における他船との衝突危険の判断などに利用される。この章では、このレーダについて詳しく述べていく。

4.1　レーダの原理

強力な電波を送信すると他船等の物標に反射し、送信した場所に戻ってくる。そこで、電波の定速性を利用し、送信したときから反射波が戻ってくるまでの時間を計測することで物標までの距離を知ることができる。また物標の方向は、電波を送信したときのアンテナの向きから知ることができる。

4.2　レーダ波の伝播と反射

本節では、レーダで使用している電波の伝播や、反射の特徴について述べていく。

4.2.1　レーダ方程式

レーダ波が直接波として物標に入射し、その反射波をレーダアンテナで受信するとすれば、受信信号の電力は、

$$S = \left(\frac{PG}{4\pi d^2}\right)\left(\frac{\sigma}{4\pi d^2}\right)\left(\frac{G\lambda^2}{4\pi}\right) \tag{4.1}$$

$$= P\frac{G^2\lambda^2\sigma}{(4\pi)^3 d^4} = \frac{P\sigma A^2 f^2}{4\pi d^4 \lambda^2} \tag{4.2}$$

で表される。ただし、

　　P：送信電力
　　G：アンテナ利得
　　A：アンテナ面積
　　f：アンテナの有効面積を決める定数
　　d：物標までの距離
　　σ：有効（レーダ）反射面積
　　λ：波長

(4.1) 式の右辺第1括弧内は、物標に当たる入射電力密度、第1括弧と第2括弧の積はアンテナの場所での反射波の電力密度、第3括弧内はアンテナの有効受信面積である。(4.2) 式をレーダ方程式という。これより受信機の最小受信感度 S_{min} がわかっているとすれば、レーダの最大探知距離 d_{max} は、

$$d_{max} = \sqrt[4]{\frac{P \sigma A^2 f^2}{4\pi S_{min} \lambda^2}} \tag{4.3}$$

となる。

4.2.2　直接波と反射波の合成

1.2.1で述べたように、レーダで使用する電波は直接波と反射波の合成となるので、F 係数に関する (1.11) 式を用いてレーダ方程式を書き直すと、

$$\begin{aligned}
S &= P \frac{G^2 \lambda^2 \sigma}{(4\pi)^3 d^4} F^4 \\
&= P \frac{G^2 \lambda^2 \sigma}{(4\pi)^3 d^4} 16 \sin^4 \left(\frac{2\pi h_1 h_2}{d \lambda} \right)
\end{aligned} \tag{4.4}$$

（往復のため $(F^2)^2 = F^4$ とする。）
上式で $2\pi h_1 h_2 / d\lambda < 1$ の場合（距離が遠く、目標が低い場合）は、

$$S = 4\pi P \frac{G^2 \sigma (h_1 h_2)^4}{\lambda^2 d^8} \tag{4.5}$$

となる。これより、次のことがわかる。

4.2 レーダ波の伝播と反射　65

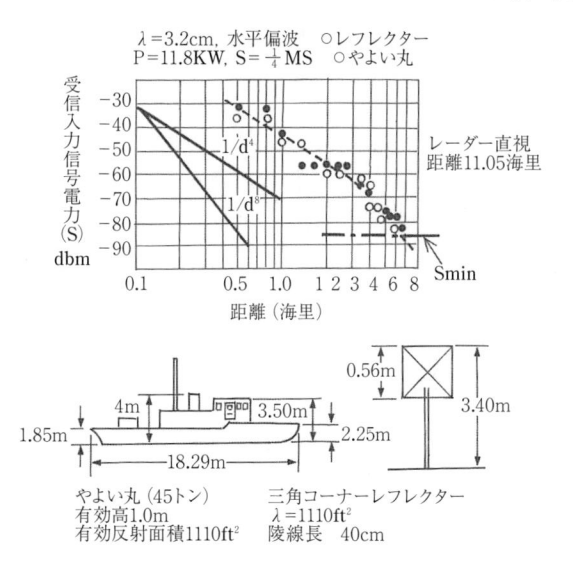

図4.1　受信入力信号の電力測定

受信電力は近距離では極大極小を繰り返しながら距離の4乗に反比例して減少するが、物標が見通し距離に近づくと距離の8乗に反比例して逆減少するようになる。図4.1は実船とコーナレフレクタを使った受信入力信号の電力測定を行った結果の一例である。

4.2.3　目標のレーダ反射面積とコーナーレフレクタ

レーダの電波が物標に当たって反射波として戻ってくるとき、その反射波の強度は、物標の材料、形状、大きさおよび向きなどによって大幅に変わる。これら物標の反射能力を表すのに有効レーダ反射面積 σ という量が使われる。この量は、物標に入射する電波の単位面積あたりの電力を $S_0 [\mathrm{W/m^2}]$、物標からレー

表4.1　各種船舶の σ の値

船の種類	σ (m²)	
	$\lambda = 10$ cm	$\lambda = 3$ cm
油　槽　船	2,200	2,200
小 型 貨 物 船	140	140
中 型 貨 物 船	7,400	7,000
大 型 貨 物 船	15,000	15,000
小 型 潜 水 艦 (海 上 の 場 合)	37	140
船長12mの巡視船	—	7

ダに向かって反射される単位立体角あたりの電力を S_r [W] とすれば、

$$\sigma = 4\pi \frac{S_r}{S_0} \qquad (4.6)$$

で定義される。

各種船舶の σ の値を表4.1に示す。

特殊な形状の物標についての σ の値を例示すれば、次のとおりになる。

(1) 面積 A の平面に、垂直に電波が入射するとき、

$$\sigma = \frac{4\pi A^2}{\lambda^2} \quad (\lambda:波長)$$

(2) 半径 r、長さ l の円筒の軸に、直角に電波が入射するとき、

$$\sigma = \frac{\pi r l^2}{\lambda}$$

(3) 半径 r の球面に、電波が入射するとき、

$$\sigma = \pi r^2$$

(4) 平面の法線に対して、ξ の角度で電波が入射するとき、

$$\sigma = \frac{4\pi\lambda^2}{(2\pi\xi)^4}$$

(1)(2)(3)より、波長が 3 cm のとき0.3 m × 0.3 m の平面は、ほぼ半径1.5 m、長さ0.6 m の円筒および半径6.0 m の球と同じ反射能力を有することになる。なお、(1)(2)(4)では、σ は波長によって変化するのに対して、(3)の全方向に対して均一に電波を反射する球面では、σ は波長に無関係である。小さな目標で大きな有効反射面積を有するものにコーナレフレ

表4.2 各種レフレクタ

Form	Dimensions	Max. effective area. Amax
Planar	b, a	ab
Cylindrical	b, a	$b\frac{\sqrt{a\lambda}}{2}$
Spherical	a	$\frac{a\lambda}{2}$
Dihedral	b, a	$\sqrt{2}ab$
Trihedral (Triangles)	a, a, a	$\frac{a^2}{\sqrt{3}}$
Trihedral (Squares)	a, a	$\sqrt{3}a^2$
Trihedral (Quadrants)	a, a	$\frac{2a^2}{\sqrt{3}}$

クタがある。コーナレフレクタの有効面積を A とすると、有効反射面積は、

$$\sigma = 4\pi \frac{A^2}{\lambda^2} \qquad (4.7)$$

となる。

表4.2に各種のレフレクタの形状と最大有効面積を示す。

4.3 レーダの性能

本節では、レーダを取り扱ううえで欠かすことのできないレーダの性能について述べていく。レーダの性能とそれに影響する事項を表4.3に示す。

表4.3 レーダの性能とそれに影響する事項

性 能	影 響 す る 事 項
最大探知距離	発信出力、受信感度、アンテナゲイン（アンテナの形、大きさ等）波長、アンテナの高さ、物標の種類と高さ、機器の損失
方位分解能	水平ビーム幅、ブラウン管の輝点の大きさ
距離分解能	パルス幅、受信機の特性、物標の種類、ブラウン管の輝点の大きさ
最小探知距離	パルス幅、垂直ビーム幅、ブラウン管の輝点の大きさ、受信機の特性、TR管の回復時間、外界の状況
像の鮮明度	パルス繰返し数、空中線回転数、水平ビーム幅、ブラウン管の特性、気象状況

4.3.1 最大探知距離

最大探知距離とは、レーダの性能や物標の高さなどによってどれくらい遠方にある物標を探知できるかを表す性能である。

最大探知距離は、(4.2) 式より、

$$d = \sqrt[4]{\frac{PG^2\lambda^2\sigma}{(4\pi)^3 S_{min}}} \qquad (4.8)$$

ただし、S_{min}：レーダの最小感度として求めることができる。

図4.2は、舶用レーダを使用している際に、物標の有効反射面積が十分あるとした場合のアンテナ高さに対し、目標高さに応ずる最大探知距離を示す。

68 第4章 レーダ

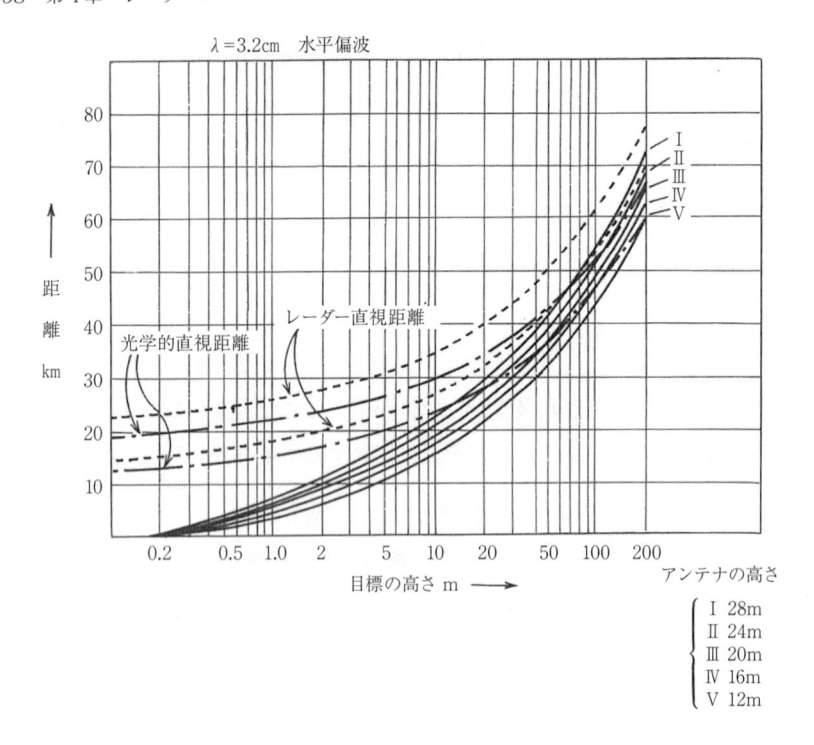

図4.2 舶用レーダの最大探知距離

(λ=3.2cm 水平偏波)

アンテナの高さ
- I 28m
- II 24m
- III 20m
- IV 16m
- V 12m

また、一般に、光学的見通し距離とレーダ電波の見通し距離に関しては、次の式で表わされる。

光学的見通し距離

$$d = 2.07\left(\sqrt{h_1} + \sqrt{h_2}\right) \;\text{〔海里〕} \tag{4.9}$$

レーダ電波の見通し距離

$$d = 2.22\left(\sqrt{h_1} + \sqrt{h_2}\right) \;\text{〔海里〕} \tag{4.10}$$

ここで、h_1は送受信アンテナの高さ[m]、h_2は物標の高さ[m]である。これらの式から、目視よりもレーダの方が遠くまで探知できることがわかる。参考のために、以下に28mと18mのアンテナ高さに対する電波見通し距離と光学的見通し距離を掲げてある。また、おおよその目安として、使用レンジによって探知できる物標を次に示す。

4.3 レーダの性能

(1) 30海里レンジ

15海里以上で現れる目標は、

  ① 海岸の大都市　25海里以上

  ② 200フィート以上の丘または崖　25海里以上

  ③ 50〜100フィートの丘または崖　15〜20海里

  ④ 大型船　普通は16, 17海里。気象条件が良いときは25海里以上

  ⑤ スコール　30海里に達することがある。

(2) 15海里レンジ

6海里以上で現れるが15海里以上で現れることはまれであるような目標は次のものである。

  ① 多くの島および高さの低い海岸線。ただし、平らな海浜およびほとんど海中に没している岩などは除く。

  ② 島の灯台　10〜15海里

  ③ 灯台船　9〜12海里

  ④ ひき船またははしけ船　7〜10海里

  ⑤ 大きい浮標に付けた特殊反射器　8〜10海里

  ⑥ 防波堤　6〜8海里

  ⑦ 激しい雨

  ⑧ 航空機　6〜8海里

(3) 6海里レンジ

6海里以内で現れるその他の目標は次のものである。

  ① ベルブイ　4〜6海里

  ② 円柱浮標および紡錘型浮標　2〜3海里

  ③ 小型ヨットおよび漁舟　3〜5海里

  ④ 橋

  ⑤ 数フィート水上に出ている岩、陸岸

(4) 1および2海里レンジ

このスケールで現れる目標は次のものである。

① 漕ぎ舟
② 円柱浮標
③ 鳥の群れ
④ かき養殖所の柴垣およびえび壺の標示棒
⑤ 架空ケーブル
⑥ 材木、箱などの浮遊物
⑦ 自船の航跡

4.3.2 最小探知距離

最小探知距離とは、自船から物標までの距離をレーダ画面上で測定できる最小距離のことである。

最小探知距離は p.67 の表4.3に示すような、垂直ビーム幅の死角や船体動揺、海面反射、TR 管の回復時間等も影響する。また、パルス幅の時間で電波が空中で占める長さ（パルス幅〔時間〕×光速〔速度〕）の半分の距離より近距離にある物標は探知できない。その他、レーダ直面上の輝点は、ある程度の大きさを持っているので、あるレンジ（約4海里）以上になると、この性能は輝点の大きさで決まってくる。

4.3.3 距離分解能

距離分解能とは、同一方向に離れて存在する2つの物標を、2つの物標とし

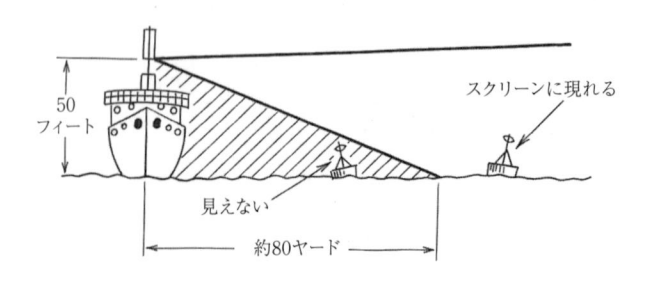

図4.3 死角による最小探知距離

てブラウン管の上で識別できる限界能力をいう。一般に距離分解能 S は次式によって与えられる。

$$S(\mathrm{m}) = 150\, t_1 + R\frac{d}{D} \tag{4.11}$$

ただし、t_1：パルス幅（μs）
　　　　R：使用レンジ（m）
　　　　d：ブラウン管最小スポットサイズ（mm）
　　　　D：ブラウン管有効半径（mm）

4.3.4 方位分解能

方位分解能とは、同一距離に離れて存在する2つの物標を、2つの物標としてブラウン管の上で識別できる限界能力をいう。一般に方位分解能 θ は次式で与えられる。

$$\theta = \theta_h + 360\frac{d}{2\pi \cdot D} \tag{4.12}$$

ただし、θ_h：アンテナ水平ビーム幅 $\fallingdotseq 70\dfrac{\lambda}{L}$ (4.13)
　　　（L：アンテナ長　λ：波長）

　　　　d、D は（4.11）式と同じ

したがって、物標が方位方向で区別できる距離 S_θ は、

$$S_\theta(\mathrm{m}) = 1852 R'\sin\theta_h \tag{4.14}$$

ただし、R'：物標までの距離（海里）

4.4　レーダの性能に影響を及ぼす事項

本節では、前節に示したレーダの性能に影響を及ぼす事項について述べていく。

4.4.1 パルス繰返し数

1秒間にパルスを出す数であって、この数が多いほど、感度が上がり最大探知距離が伸び、像の鮮明度が増すが、あまり多くするとレンジが限定される。また、マグネトロンで出しうる平均出力は定まっているので、パルス繰返し数を多くするためには尖頭出力を小さくするか、パルス幅を縮める必要がある。

4.4.2 パルス幅

パルス幅を短くするほど、距離分解能や最小探知距離が良くなるが、増幅器の帯域幅を広くとる必要があるので、雑音が増加し最小感度が悪くなる。また、輝点の大きさはブラウン管の性能で決まるので、あまりパルス幅を小さくしても意味がない。逆に、パルス幅を長くすることは距離分解能とマグネトロン出力から制限される。

4.4.3 尖頭出力

この値が大きいほど、最大探知距離が増大するが、視認距離以上に大きくしても無意味となる。

4.4.4 スキャナ回転速度

この速度が速いほど、刻々の位置や状況が遅滞なく表示し得るとともに、ブラウン管蛍光膜の残光性が短くてすみ、その結果、変針やレンジ切り替えの際に画面が汚れないで良いが、速すぎると感度が低下し、小さな物標の反射を見落とすことがある。遅いとスイープの数が増して鮮明度が上がるが、前述と逆の欠点が生じる。

4.4.5 波　長

波長が短いと、同じアンテナに対しては指向性が良くなるので、最大探知距離が伸びるとともに方位分解能が良くなる。物標の反射能率も良くなり、低い物標の探知能力も増大する。しかし、海面反射や雨雪などの反射も多く、減衰

も大きくなる。

4.5 スイッチ類の作動概要

ここでは、一般的なレーダのスイッチ類について簡単に述べる。

(1) 電源スイッチ

電源スタンバイで電動発電機や真空管のヒータなどに電流が供給されるが、この間ほぼ3分位を要する。オンにて全装置が作動を始める。いつでも見られる状態にしておく場合、スタンバイにしておくとマグネトロン、ブラウン管の寿命を長くすることができる。

(2) インテンシティ

ブラウン管の陽極電圧、またはグリッド電圧などを変化させて、ブラウン管上の輝度の明るさを加減する。

(3) フォーカス

ブラウン管上の輝点の大きさを加減する。フォーカスコイルの電流を変えて電子ビームの集束の調整を行う。

(4) 映像信号調節

ラジオの音量調節と同様に信号の感度の調節を行う。

(5) ゲイン調節

受信信号の増幅の度合を変える。中間周波増幅器の真空管のグリッドバイアスを変化させる。

(6) レンジ切換

可視範囲を切り換えるものでスイープの速さを変える。

(7) S.T.C

船舶付近の海面反射が強いときに利用する。中間周波増幅器で受信初期の感度を下げる。

(8) F.T.C

雨や雪の反射を除去する。ビデオ増幅器の中でコンデンサと抵抗の値を変え

て映像信号を微分している。

(9) 中心拡大

中心に近い物標の方位精度は悪くなるので中心部を拡大して物標の方位がよくわかるようにする。

(10) 固定距離目盛

固定距離目盛を入れるか切るかのスイッチと固定距離目盛の輝度調節のつまみがある。

(11) 可変距離目盛

目標の距離を調べる際に用いる。これを入れるか切るかのスイッチと輝度調節のつまみがある。また距離を数字で出す指標もついている。

(12) 船首方位線

船首方位を表す線を入れるか切るかのスイッチ

(13) 方位目盛ならびにカーソル

目標の方位を知るのに便利にしたもの

(14) 真方位表示

ジャイロコンパスと連動させて北を上方にして表示する。

(15) ディマー

照明の明るさを加減する。

4.6 偽像と注意を要する像

偽像とは、レーダ画面において、実際に物標のある位置とは違うところに表示される物標の映像である。以下に、偽像が現れる原因について述べる。

(1) 多重反射による偽像

船側、橋梁、埠頭の建物などのように大きくて平らな反射の良いものは、適当な位置関係で自船との相互間に何回も反射してくる反射波がそのたびに像として現れる。これは同一方向に等間隔に何個かの像が現れる。(図4.4)

(2) サイドローブによる偽像

4.6 偽像と注意を要する像　75

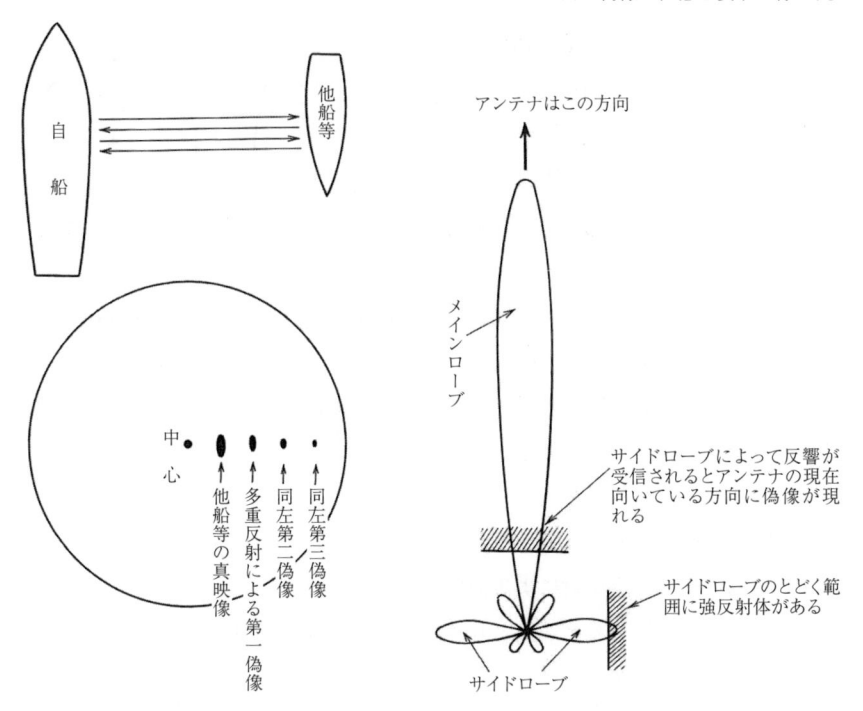

図4.4　多重反射による偽像出現の原理

図4.5　サイドローブによる偽像出現の原理

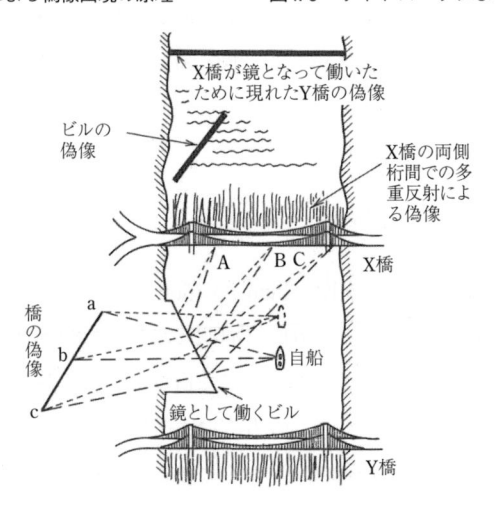

図4.6　鏡現象による偽像出現の原理

一般にサイドローブは電波強度が弱いが、近距離に強反射体があると、サイドローブによってそれから反射が受信されるので、スキャナの向いた方向と直角な方向にある反射体の映像を表示する。すなわち、物標の存在方向と同距離で直角方向に偽像が現れる。しかし、出力が大き

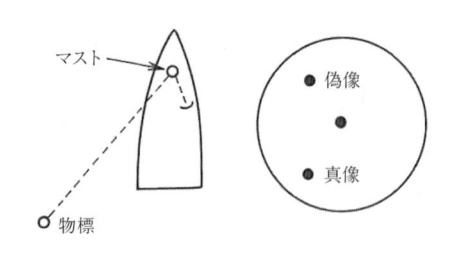

図4.7 船上構造物による偽像出現の原理

いレーダでは、近距離物標はサイドローブのためにリング状に現れて、近距離での探知を妨害することがある。(図4.5)

(3) 鏡現象による偽像

近くに強反射体があるとき、それが鏡の役目をしてできる偽像。(図4.6)

(4) 船内構造の二重反射による偽像

船内のマストや煙突などが鏡として働くための儀像（図4.7）

(5) 第2次掃引偽像

ラジオダクトが存在する際に、遠方物標が近接映像として実際より歪んで現れることがある。これは、遠方物標の反射パルスが異状伝播のために、その次の掃引の際に受信される場合に起こる。図4.8は、パルス繰返し数1.1 msの場合を示す。

4.7 レーダ表示の種類

舶用レーダの表示方式は、P.P.I（Plan Position Indicator）である。これは、アンテナを回転させ、アンテナの方向に同期したビームを画面の1点を中心として外周まで一定速度で掃引し、その間に受信された信号を受信信号強度に応じて輝度変調し輝点として表す。この方式は、アンテナを中心として全周の物標がどのような位置関係にあるかを知ることが容易であるという利点を持つ。なお、2008年よりレーダの画面上にAISの情報を重畳表示することが規則化

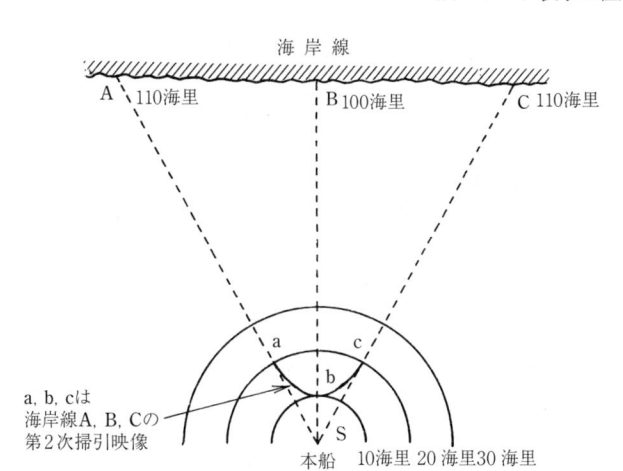

図4.8 第2次掃引による偽像出現の原理

された。このP.P.I表示にも、映像の基準ならびに表示される映像の動きにより次のように分類される。

4.7.1 映像の基準による表示の分類
これには、次の3つの種類がある。
(1) 真方位指示（North Up）
北（000°）がレーダ画面の上方向になるように表示される指示方式である。船首方位は、船首輝線として当該方位に示される。この方式では、海図との比較・対照が容易で、映像が安定し、位置測定ならびに針路の設定が容易である。
(2) 針路指示（Course Up）
設定した針路がレーダ画面の上方向になるように表示される指示方式である。船首方位は、船首輝線として当該方位に示される。この方式では、映像が安定し、設定針路と現針路の差の検出が容易である。
(3) 相対方位指示（Head Up）
自船の針路がレーダ画面の上方向になるように表示される指示方式である。

この方式では、コンパスを必要とせず、映像と視認情報の対照が容易であるが、変針により映像全体が動く欠点を持つ。

4.7.2 映像の動きによる表示の分類

これには2つの種類がある。

(1) 相対運動表示

自船の位置を画面上の1点に固定する表示方式である。この表示で、映像の動きは自船の動きと物標の動きとが合成されてできる相対運動となる。

(2) 真運動表示

コンパス、ログからの出力により、自船の位置を画面上で自船の動きに応じて移動させる表示方式である。したがって、この表示での他船の映像の動きは、相対運動から自船運動を除いた運動、すなわち真運動となる。

4.8 レーダによる位置決定

ここでは、レーダを用いて観測位置を求める方法やレーダで使用する位置の線の精度等について述べていく。

4.8.1 映像の測定点の決定と測定

レーダ映像は、観測した物標の位置を、レーダアンテナを中心として見たものであり、視認や海図から想定した像とは種々の点で異なる。映像を正しく識別するためにはレーダの特性とレーダ映像に関する多くの知識と経験が必要となる。映像がどの物標のどの部分から反射されたかを判断したら、次に映像前面のうち、最も正しい距離、方位情報を与えると思われる点を測定点とし、その距離と方位を測定する。

(1) 距離測定法

a) 測定する映像が画面の外周近くにくるように距離レンジを設定する。

b) 可変距離環を映像測定点の内側に接するように合わせる。

c) 測定点までの距離を読み取る。
(2) 方位測定法
　a) 測定する映像が画面の外周近くにくるように距離レンジを設定する。物標が至近にある場合は中心拡大を使用する。
　b) 孤立小物標の場合は、その映像の中心の方位を読み取る。島や岬角などの一端を測定する場合は、映像の端ではなく、水平ビーム幅の半量だけ映像の内側の方位を読み取る。また、船が動揺している場合は、船が水平にある瞬間に測定する。

4.8.2 距離情報による位置の線と精度

　測定距離は、アンテナと物標のレーダ電波の反射点間の距離であり、物標のレーダ電波の反射点がわかれば、自船はこのレーダ電波の反射点からの距離が一定となる点の軌跡、すなわち等距離圏上にいることになる。このような位置の線の精度には、次の要素が関係する。
(1) 距離測定精度
(2) 測定点と推定したレーダ反射点との不一致
　　これは距離一定の位置の線をプロットするときの中心がずれることになり、特に注意を要する。
(3) 位置の線の近似による誤差
　　物標のレーダ反射点を中心とする等距離圏は、海図（漸長図）上では完全な円とはならない。しかし、レーダの利用可能な範囲内では、位置の線を円弧で近似しても実用上問題ない。

4.8.3 方位情報による位置の線と精度

　測定方位は、アンテナと物標のレーダ反射点とを結ぶ線（大圏）の方位であり、物標のレーダ電波の反射点がわかれば、自船はこのレーダ電波の反射点をある方位で望む線（等方位曲線）上にいることになる。このような位置の線には次の要素が関係する。

(1) 方位測定精度
(2) 測定点と推定したレーダ反射点との不一致
(3) 位置の線の近似による誤差
物標のレーダ電波の反射点を通る等方位曲線を、海図（漸長図）上にプロットするのは困難である。しかし、レーダの利用可能な範囲内では、測定方位の反方位を求め、物標のレーダ電波の反射点を通る直線を近似位置の線として用いても実用上問題ない。

4.8.4 位置決定法

レーダにより自船の位置を求める方法は次のとおりである。
(1) 物標の方位情報と距離情報による位置決定（図4.9）
孤立小物標による映像の中心点を測定点とし、その方位・距離を測定し、海図上において当該物標から測定した方位の反方位方向に測定した距離離れた地点を船位とする方法。物標が幅を持つときは、その映像の端ではなく水平ビーム幅の半量だけ映像の内側の方位を読み取り、距離は映像のうち自船に最も近い距離とする。
(2) 複数物標の方位情報による位置決定（図4.10）

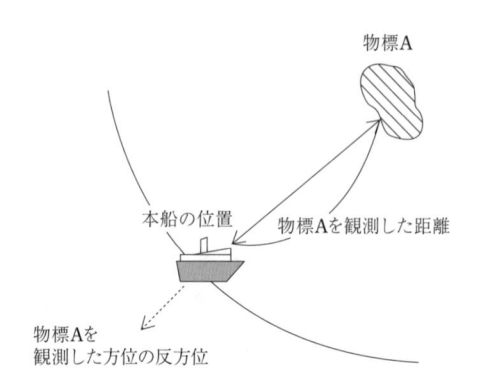

図4.9 単一物標の距離と方位情報による位置決定

4.8 レーダによる位置決定 *81*

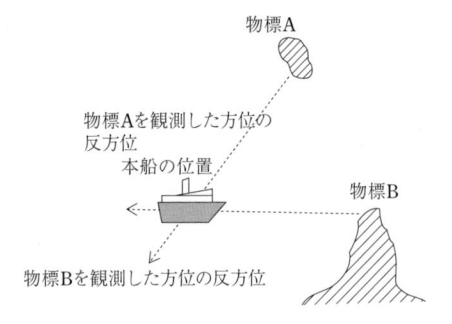

図4.10 複数物標の方位情報による位置決定

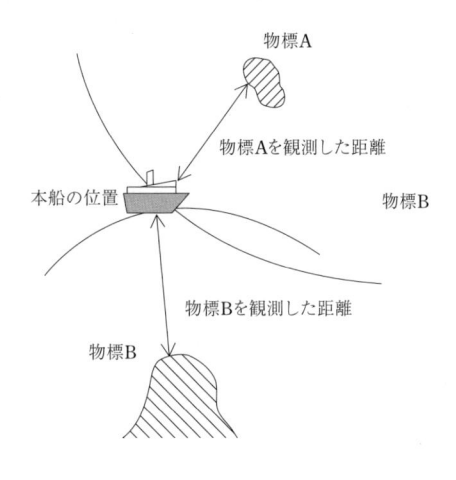

図4.11 複数物標の距離情報による位置決定

　複数物標の映像の方位情報を測定し、それによる位置の線の交点を船位とする方法。

　レーダによる方位情報を用いた位置の線は距離情報を用いた位置の線に比べて精度が落ちる。また、映像が水平ビーム幅により拡大されるため測定点の選定には注意しなければならず、映像の接線方位は水平ビーム幅の半量だけ加減する必要がある。この方法では、孤立小物標による映像を使う方が望ましい。

　(3)　複数物標の距離情報による位置決定（図4.11）

　複数物標の映像の距離情報を測定し、それによる位置の線の交点を船位とす

る方法。この方法は位置の線の交角条件が良ければ、前者に比べて精度が高い。

4.9 レーダの航海への応用

(1) ランドフォール

ランドフォール（陸地接近）のときは、次のような注意が必要である。
- a) 受信感度等を変えて、海面反射の出具合などから、レーダの作動を確認する。
- b) 最大探知範囲で使用するが、映像と海図の岸線とが一致しないことが多い。

物標が映像として表れる距離は物標の高さ、形、大きさ、スキャナの高さ、大気の状態などによって一様でないが、(4.10) 式に示したレーダ電波の見通し距離を用いて、最大探知距離付近で認め得る物標をあらかじめ調べておくと良い。

(2) 避険線への利用

狭い水道等を航行するとき、カーソル、固定および可変距離目盛を利用したレーダによる避険線の設定が有効となる。

第5章 船舶自動識別装置
(Automatic Identification System：AIS)

　他の船舶の運動情報を取得する代表的な航海装置として、前章で述べたレーダがある。レーダで得られる情報は、障害物等の存在について認識は可能であるが、それが船舶なのかどうかの識別作業は、運航者がレーダ情報を長期的に観測することによって行われている。これに対し、船舶自動識別装置（以後、AISとする）は、船舶の船名、位置、針路、速力および目的地などの情報をVHF帯の電波に乗せて周囲を航行する船舶や陸上の運航支援施設などに知らせる装置であり、他の船舶に関する運動情報について認識だけではなく、自動的に識別することが可能である。一般に、輻輳海域において、他船との衝突を避けるために国際VHFを用いた音声通信が使われているが、その際、通信するべき船舶を言い間違え、聞き間違えによる誤解が生じるなどの問題が起きている。AISを有効的に利用すれば、これらの問題が大幅に改善される。また、レーダと同様に取得する情報が電子データであるため、電子海図等の画面上にAISの情報を表記することができる（2008年よりレーダ画面上にAIS情報を重畳表示することが義務化されている）。

　なお、2008年に採択されたIMOの規則により、300総トン数以上の国際航海をする船舶、500総トン数以上の国際航海をしない船舶および国際航海をする全旅客船は、AIS Class Aタイプの搭載義務が課せられている。その他に、搭載義務のない船舶（小型の漁船など）を対象に、ゆるい規格で廉価かつ無線免許のいらないAIS Class Bが販売されている。

本章では、このAISについて詳しく述べていく。

5.1 情報の送受

　AISはその名のとおり、他の船舶を自動的に識別することができる装置であ

る。そのおもな機能としては次の3つがある。
1) 連続的に自船の情報を他の船舶や陸上の運航支援施設（海上交通情報サービスなど）に送信する。
2) 連続的に他の船舶や陸上の運航支援施設（海上交通情報サービスなど）の情報を受信する。
3) 上述の情報を表示する。

本節では、AISで取り扱う情報の種類とその送受信について説明する。

5.1.1 AISで送られる情報

AISで送信される自船情報として、静的情報、動的情報、航海関係情報、安全関係情報とバイナリーメッセージの4種類がある。

(1) 静的情報

一般的には変動しない自船固有の情報であり、AISがその船舶に装備された時点で入力される情報である。この情報の内訳は、

- 個々のAISに割り当てられた識別符号であるMMSI（Maritime Mobile Service Identity）
- コールサイン
- 船名
- IMO番号
- 船の長さ
- 船の幅
- 船型
- 測位用アンテナ（GPSアンテナ）の位置

がある。これらの情報は6分間隔あるいは要求があったときに自動的に送信される。

(2) 動的情報

自船の航行状況に応じて変動する情報であり、その多くはAISに接続された各種センサーを通して自動的に更新されるものである。この情報の内訳は、

・船位

・船位測定時刻（UTC時刻）

・対地針路

・対地速力

・船首方位

・航行状態

・回頭率

などがある。これらの情報は、その船の速力や直進中か変針中かで自動送信の間隔が変わる。これらの情報の送信間隔を表5.1に示す。

(3) 航海関係情報

自船の航海に関連した情報で、この情報の入力は一般に手動で行われる。また航海中に更新することが必要な情報も含まれる。この情報の内訳は、

・喫水

・危険貨物の有無

・目的地（港コードなど）

・到着予定時刻（Estimation Time of Arrival：ETA）

・航海計画（通過予定位置）

である。これらの情報は6分間隔あるいは要求があったときに自動的に送信される。

表5.1 動的情報の送信間隔

船 の 状 態	更新間隔
停泊もしくは錨泊中で、3ノット以上で動かない。	3分
停泊もしくは錨泊中で、3ノット以上で動く。	10秒
0から14ノットまでで航行する船舶。	10秒
0から14ノットまでで航行する変針中の船舶。	3・1/3秒
14から23ノットまでで航行する船舶。	2秒
14から23ノットまでで航行する変針中の船舶。	2秒
23ノット以上で航行する船舶。	2秒

(4) 航行安全関係メッセージとバイナリーメッセージ

短いメッセージからなる情報である。この情報は、ある特定の船舶、あるいは自船の周囲にいるすべての船舶に対して送信することができる。また、VTS局などから特定の海域を航行している船舶に対して航路の状況、航路標識の移動や変更、航法指導、航行警報、AIS非搭載船舶の情報、気象情報などの安全関係情報のメッセージを送信している。これらの情報は関連する事実があったときに送信される。

5.1.2 AIS の送信について

AIS でおもに採用されている送信プロトコルは、SOTDMA（Self Organized Time Division Multiple Access：自律式時分割多元接続）である。この SOTDMA は、自律的かつ計画的に反復伝送をする場合に使用する接続方式である。

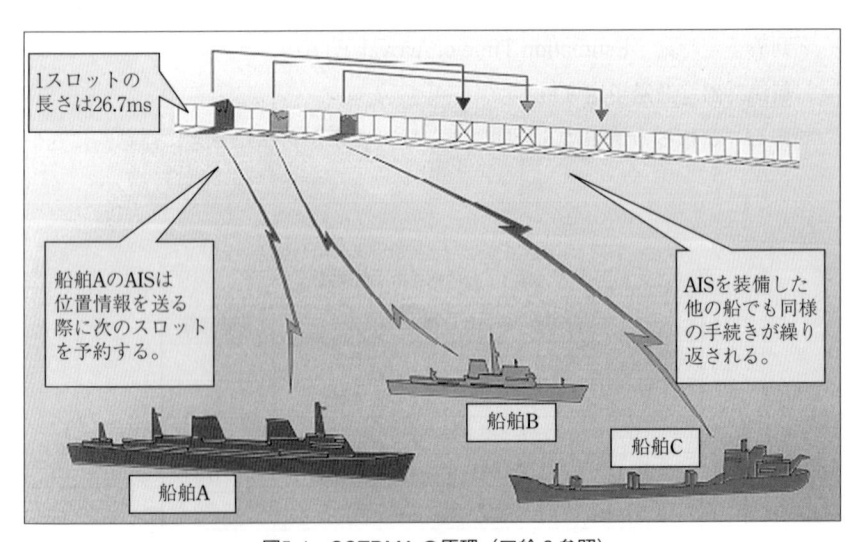

図5.1 SOTDMA の原理（口絵2参照）

5.1 情報の送受 87

図5.1に、このプロトコルの原理を示す。

図5.1に示すように、それぞれの船舶が信号を受信しながら、その中の空いているスロット（後で説明する）を探すとともに、自船が次に送信に使うスロットの予約も含めた種々の情報を送信する。こうした通信方式では、時として同じスロットを複数の船舶が使うこと（混信）もあるが、その場合は近くの船舶の信号が遠くの船舶の信号よりも強いことから、自船に近い方の他船情報を受信できるので実用上は問題がないとされている。

AISの送信パラメータは表5.2のとおりである。

表5.2 AISの送信パラメータ

パラメータ名称	最小	最大
AISチャンネル 1 CH87B	161.975MHz	
AISチャンネル 2 CH88B	162.025MHz	
チャンネル帯域幅	12.5kHz	25.0kHz
ビットレート	9600bps ±50ppm	
調教シーケンス	24bits	32bits
送信出力電力	1Watt	25Watt

AISの通信では、それぞれの装置をUTC（世界時）の時刻で同期をさせている。そして、その1分間をフレームと呼び、このフレームを2250に分割した1つをスロットと呼ぶ。このスロット1つの時間は26.67msである（図5.2）。

AISでは2つの周波数（CH87B：161,975 MHzとCH88B：162,025 MHz）を使っている。よってスロットの合計は2250の2倍、すなわち4500スロットである。

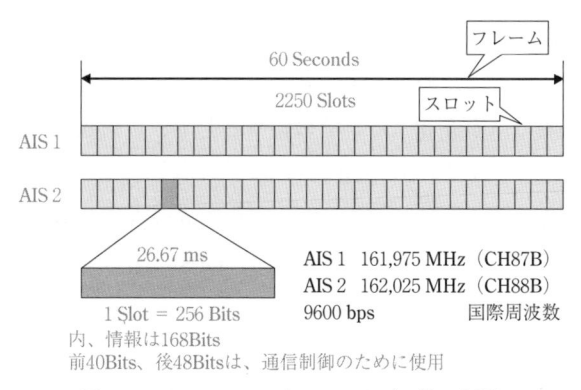

図5.2 AISのフレームとスロット（口絵3参照）

表5.3 スロット内の概要

内容	ビット数	備考
立ち上がり	8 bits	
調教シーケンス	24bits	同期に必要
スタートフラグ	8 bits	HDLCに準拠
データ	168bits	デフォルト
CRC	16bits	HDLCに準拠
エンドフラグ	8 bits	HDLCに準拠
バッファリング	24bits	ビットスタッフィングと距離遅延
合計	256bits	

また、AISの送信ビットレートは9600 bpsである。よって1スロットに256 bitsの情報が書き込める。その内訳は表5.3のとおりである。

5.1.3 AISの受信ついて

AISには、GPS受信機が組み込まれている。AISは、このGPS受信機でGPS信号の中のUTCとAIS搭載船の船位・対地速力を得ている。AISの受信の特徴は、

① すべてのAISは、GPSの時刻を基準とすることにより、すべてのAISのフレームやスロットの同期をとっている。

② AISは、他船から送られてきた船位情報を受け取ることで、送信したAIS搭載船の位置を知ることができる。ここで、船位情報に含まれる誤差がAIS搭載義務船の大きさ以下であれば、送信場所にはそのAIS搭載義務船のみが存在する。その結果として、位置情報を送信したAIS搭載義務船を識別することができる。

このように、現状のAISは、GPSがあって成り立つものといっても過言ではない。よって、GPSに問題が生じた場合は、GPSにとって代わる時間基準と測位手段をすべての船舶に提供する必要がある。

5.1.4　AIS 情報の特徴

レーダ等で得られる他船情報に比べて AIS で得られる情報は次のような特徴を持っている。

① 更新時間が比較的短いので、ほぼリアルタイムの情報であり、他船の変針等による行動変化を即座に知ることができる。
② 目標を追尾中にレーダの ARPA で時々起きる「乗り移り」などの現象は生じない。
③ VHF 電波が届く限りレーダで時々起きる「目標喪失」（海面反射や岬などの陰の影響）などの現象が生じない。
④ 目標が高速で動いても見失うことはない。

図5.3は、他船をレーダの ARPA（6.7参照）と AIS で追尾したときに、他船が左に変針したときのレーダの ARPA と AIS による他船ベクトルの表示例である。ここで、実線で描かれた円の中心がレーダの ARPA による他船の位置であり、そこからの直線がレーダの ARPA による他船の運動ベクトルである。

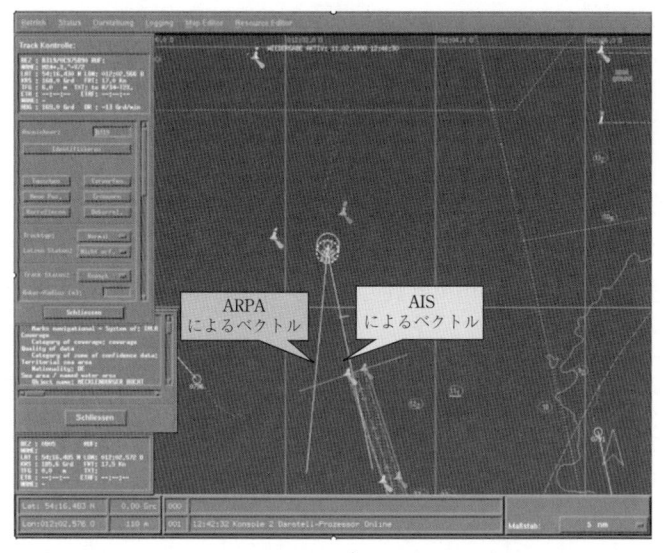

図5.3　レーダ/ARPA と AIS の表示例（口絵4参照）

また、点線で描かれた円の中心がAISによる他船の位置であり、そこからの直線がAISによる他船の運動ベクトルである。このようにAISの方がレーダのARPAによる追尾より反応が速いことがわかる。

表5.4 レーダ/ARPA と AIS による他船の行動変化に対する検知の比較 　（資料：ISSUS）

	レーダ/ARPA	AIS
平均検知時間	01：25	00：20
検知時間の標準偏差	00：41	00：12
行動検知誤り回数	4	0
行動検知ミス回数	7	1

表5.4は、レーダのARPAを使用した場合とAISを使用した場合における他船の行動変化の検出に要した時間（分：秒）および検出ミスなどについて実験した結果である。この結果からもAISによる検出の方が優れていることがわかる。

5.2 AISの運用

基本的にAISは送受信機であり、他船が情報を送ることが絶対条件である。このため、AISを運用するに当たっては、情報の送受信について次の点に注意が必要である。

5.2.1 AISのスイッチ

原則的に、AISは常時運用するものであることから、停泊中においてもスイッチは常にオンの状態とする必要がある。しかし、AISのスイッチをオンとすることで自船の安全が阻害される恐れがある場合、船長はAISのスイッチをオフにすることができる。

ただし、その場合、ログブックにAISのスイッチをオフにしたことを記録するとともに、危険がないと判断された場合は直ちにAISを再起動しなければならない。

5.2.2 AIS情報の確認

AISで受信する他船情報の正しさは、送信側の送信情報にすべて依存している。このため、送信側では送信情報について次のことを行う必要がある。

① AISで送信する情報のうち、いくつかは手動で入力しなければならない。これらの情報は間違いのないように入力するとともに、更新が必要となったら該当する情報を更新し、常に正しい情報を送信すること。また、正しい情報を送信しているか確認をすること。

② 装置により自動的に更新される情報などは、AISに正しい情報が入力され、規定通りに情報が更新されているかを定期的に確認すること。

5.2.3 AIS運用中の注意事項

多くの船舶がAISを搭載し、正しい情報を送信するようになれば、他船に関する情報の大部分は、AISを通して収集できることになる。しかしながら、次のようなことがあるので注意を払う必要がある。

① AISを搭載していない小型船がある。

② AISを搭載している船舶でもAISのスイッチをオフにしていることがある。

③ AIS情報は、すべて送信側の情報に依存し、送信情報の誤差がそのままAIS情報の誤差となる。

これらのため、受信側では、他船に関する情報をAISだけに依存するのではなく、目視やレーダでも求めることが必要である。表5.5は目視、レーダのARPA、AISで得られる他船情報の種類を比較したものである。ここで、○印は精度の高い情報、△印は精度に問題がある情報である。この表から、目視とAISで共通する情報は他船のサイズや位置であること、レーダのARPAとAISで共通する情報は他船の船位であることがわかる。

よって、たとえば、レーダのARPAとAIS情報の照合には他船の船位情報を、目視とAIS情報の照合には他船のサイズや位置情報を使えば良いことがわかる。

表5.5 目視、レーダ/ARPA、AIS で得られる他船情報の比較

情報の種類	目視	ARPA	AIS
MMSI			○
コールサインや船名			○
IMO 番号			○
船の長さと幅	○		○
船型			○
測位アンテナ位置			○
船の色	○		
喫水			○
危険貨物			○
仕向港と到着予定時刻	△		○
航海計画			○
位置	△	○	○
測位の時刻	○	○	○
対地速力			○
対地針路			○
船首方位	△	△	○
対水速力		△	△
航行状態	○		○
回頭角速度			○

5.3　AIS情報の表示

　AISでは、他船に関する多くの情報が収集できる。このため、どの情報をどのように表示するかについて考えておく必要がある。AIS情報を有効的に表示するためにはグラフィック表示することが望ましい。図5.4は、AISで得られた他船情報をグラフィック画面等に表示する際に使うことが推奨されているシンボルの例である。

　① AIS目標：AISで捉えられた目標であることだけを示す。

　② 活性化したAIS目標：前述の「AIS目標」をクリックすると、この状態

5.3 AIS情報の表示　93

AIS目標（AIS target）

選択目標（Selected target）

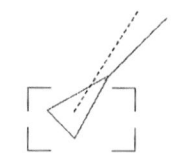

危険目標（Dangerous target）

活性化したAIS目標（Activated AIS target）

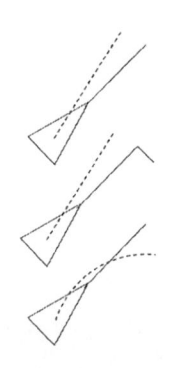

喪失目標（Lost target）

図5.4　AIS情報の表示で使用されるシンボルの例

になり、目標の船首方向（実線）と目標の運動（点線）が示される。
③　選択目標：「活性化したAIS目標」をクリックすると、その目標に関する詳細な情報が文字や数値データとして示される。
④　危険目標：「活性化したAIS目標」のうち、予想されるTCPA（最接近時間…6章参照）やDCPA（最接近距離…6章参照）があらかじめ設定した値以下になる目標。
⑤　喪失目標：AIS情報が収集できなくなった目標。

航海士は目視、レーダのARPAおよびAISで得られた情報を整理、解析しなければならない。その際、各情報の統合が必要となる。そこで考えられたのがINT-NAV（Integrated Navigational Information Display on Seascape Image）である。図5.5にINT-NAVのプロセス、図5.6にその表示例を示す。

第5章 船舶自動識別装置

　図5.6中にある OZT とは、他船などの目標物と衝突する可能性の高い領域のことである。OZT の詳細は、6.1.3で述べる。

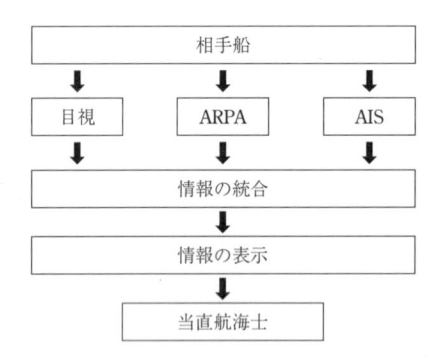

```
        相手船
    ↓     ↓     ↓
   目視  ARPA  AIS
    ↓     ↓     ↓
      情報の統合
         ↓
      情報の表示
         ↓
      当直航海士
```

図5.5　INT－NAV のプロセス

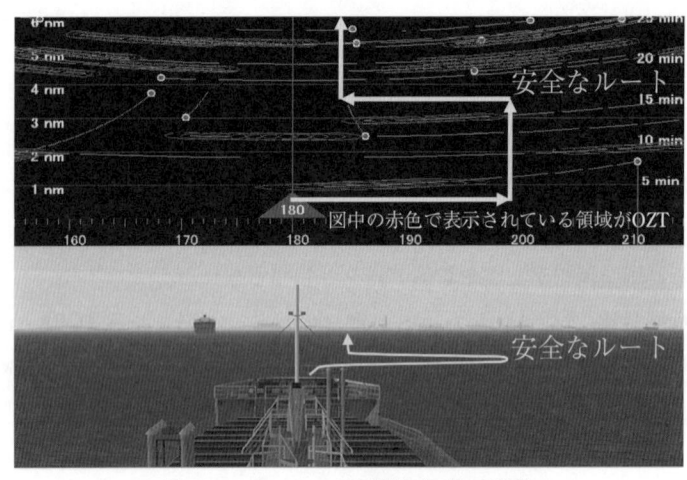

図5.6　INT－NAV の表示例（口絵5参照）

5.4 AIS等によるネットワーク

　AISと電子海図を利用することにより、灯浮標を実海域に設置しなくとも電子海図の画面上に仮想の航路標識や航路線を示すことができる。すなわち、AISのソフト面をうまく利用することによって、航路標識の設置工事などハード面にかかる費用や労力を大幅に軽減することができる。さらに、急激な航行環境の変化に柔軟に対応することも可能となる（図5.7）。

　また、AISの送信過程において人工衛星を利用すれば、地球上のどこにでも自船の情報を送ることができる。このような技術的背景の中、2001年に起きたアメリカ同時多発テロがきっかけとなり、海上での安全を確保することを目的としてAISと同じようなシステムである船舶長距離識別追跡装置（LRIT：Long Range Identification and Tracking）の導入が、IMOにより規則化された。LRITとは、人工衛星を利用することにより、全世界的に船舶の動静を監視できるシステムである（図5.8）。

　LRITの搭載が義務化された船舶は、国際航海に従事するすべての旅客船と

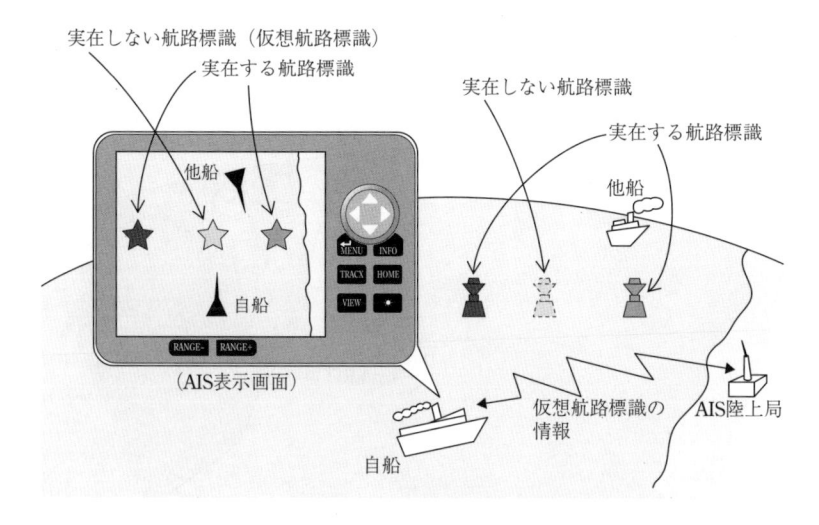

図5.7　AISを利用した仮想航路標識（口絵6参照）

300 GT 以上の貨物船および自航式海底資源掘削船である。LRIT 情報の利用権限は、当該船舶の旗国、入港国、沿岸国で以下のように異なる。

・旗国

　船舶の情報を 6 時間ごとに取得（船舶側の義務）。

・入港する港

　船舶の情報を船位にかかわらず取得できる。

・沿岸国

　自国の沿岸1000海里以内を航行する船舶の情報を取得できる。

　各船舶が、旗国の定めた方法に従って船舶通信 ID や位置情報などの自船固有の情報を陸上のデータセンターに送信する。国によっては、LRIT により自国に入ってくる船舶のチェックを行っている。

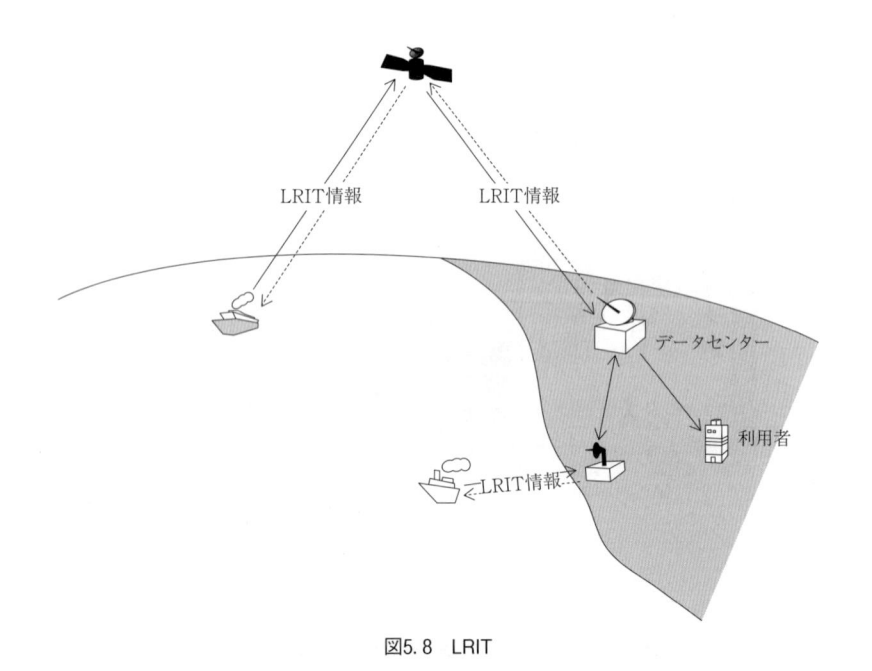

図5.8　LRIT

第6章　衝突予防への利用

　電波航法の主なもののひとつに、衝突予防への利用がある。これは、レーダやAISなどの電波技術を利用して、他船の情報を入手し、他船との衝突の危険の評価について計算するとともに、操船者に衝突の危険を知らせる警報を鳴らしたり、操船者の行動決定を支援するものである。電波技術の利用による特徴は、他船情報（船位、船速、船首方位、進路など）を定量的に測定でき、かつ、電子データとして取り扱えることである。これにより、計算機を利用して衝突危険の評価について算出することが可能であり、船陸間通信を利用して、船と陸上の航行支援施設で情報の共有化ができるという利点がある。本章では、電波技術の衝突予防への利用について詳しく述べていく。

6.1　衝突危険の評価に関する代表的な手法

　本節では、電波航法の衝突予防への利用について、衝突危険に関する評価法の紹介およびそれらの特徴と問題点を述べていく。

6.1.1　最接近距離（Distance of Closest Point of Approach）・最接近時間（Time to Closest Point of Approach）

(1)　概要

　最接近距離（以下、DCPAとする）・最接近時間（以下、TCPAとする）は、現在、レーダを用いた衝突予防において最も多く使用されている衝突危険評価法である。DCPAは、自船が他船に最も近づくときの自船〜他船間の距離で、TCPAは自船が他船に最も近づくまでの所要時間である。当然のことながら、両者とも大きい値の方が好ましい。

(2) 原理

DCPA と TCPA の原理は非常にシンプルである。図6.1は、レーダなどにより他船の運動ベクトルなどの情報が得られた場合の DCPA や TCPA を算出する原理図である。図において、

- ψ：自船針路　　V：自船速力
- ψ_T：他船針路　　V_T：他船速力
- C_R：相対針路　　V_R：相対速力
- a：他船の方位　　R：他船との距離

である。

DCPA、TCPA の算出手順は、まず、図6.1のように、自船および他船の現在の針路、速力より相対ベクトルを作る。その相対ベクトルの延長線上に自船位置からの垂線を下ろす。その交点と自船との距離が DCPA であり、他船と最接近するときの自船〜他船間の距離を示している。また、現在から最接近するまでの時間を TCPA としている。これら DCPA、TCPA は簡単な三角比で求めることが可能である。図6.1において、以下の (6.1)、(6.2) 式により求めることが可能である。

$$\mathrm{DCPA} = R|\sin(C_R - a + 180°)| \tag{6.1}$$

$$\mathrm{TCPA} = \frac{R\cos(C_R - a + 180°)}{V_R} \tag{6.2}$$

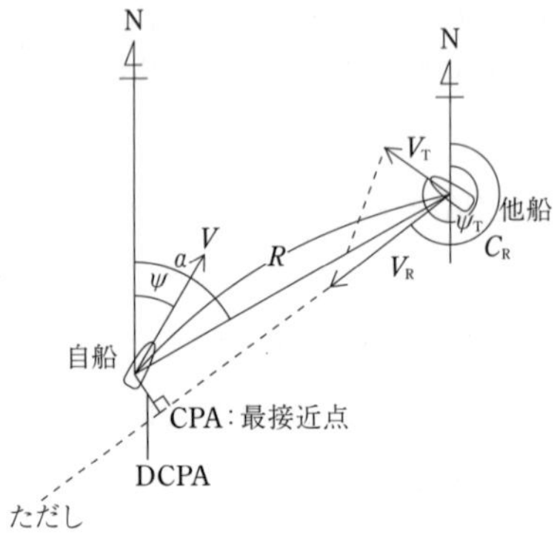

図6.1　DCPA・TCPA の原理

6.1 衝突危険の評価に関する代表的な手法　*99*

実際に、衝突のおそれの評価をする場合は、自船を中心とし、半径を安全航過距離を半径とした安全航過円を設定する。この半径より DCPA が小さくかつ TCPA がある設定値より小さい場合は、近い将来に安全航過円内を他船が航過することを意味するので、操船者は当該船舶と衝突の危険があると判断することになる。このように、原理も計算過程もシンプルで扱いやすい。

(3) 問題点

DCPA・TCPA の問題点は大きく 3 つある。

1 つめの問題点は、安全行動の選定が容易でない点である。前述のとおり、あくまで他船と最接近するときの距離とそこに至るまでの時間を表示するものに過ぎないため、他船との衝突のおそれを判断するのみで操船者に行動決定の支援をしているわけではない。また、自船および他船の行動変化によって、衝突危険度がどのように変化するかがわかりづらい。つまり、行動する度にDCPA・TCPA を算出し、衝突のおそれの判断をしなければならない。

2 つめは、実際の見合い関係に対応した評価法とは言い難い点である。一律の半径を用いた円で安全航過の領域を定めているため、この通りに避航操船を行うと他船の前を航過する場合も後ろを航過する場合も同じ距離を離して航過することとなる。これは、高速船と低速船および停泊船を航過する場合も同じである。実務的に、他船の前を航過する場合は航過距離を大きくとるが、他船の後ろを航過する場合は他船の近くを航過してもそれほど危険ではないために、航過距離を大きくとらないのが一般的である。同様に、高速船とは距離をとって航過したいが、低速船や停泊船と接近しても比較的危険ではないので、最適な航過距離については、船の大きさや船速および交通の輻輳状況などで変わってくる。しかし、現状の DCPA・TCPA の算出法ではそれに対応できていない。この問題点は、避航可能な領域が多い外洋では特に問題とならないが、輻輳した海域では致命的な問題となる。

3 つめは、目標情報の誤差に対する配慮が難しい点である。DCPA・TCPAを算出するにあたり、使用する情報には少なからず誤差が含まれている。この誤差により、本来衝突のおそれのある船舶も安全と見なされてしまうこともあ

るため、安全航過円を拡大して対応しなくてはならない。しかし、安全航過円を拡大するということは、他船との衝突危険を過大評価することになる。これは前述の問題点と同様に、船舶の輻輳した海域において大きな問題となる。

6.1.2 危険予測域（Predicted Area of Danger）

(1) 概要

危険予測域（以下、PADとする）は、衝突危険範囲を表示して、操船者の

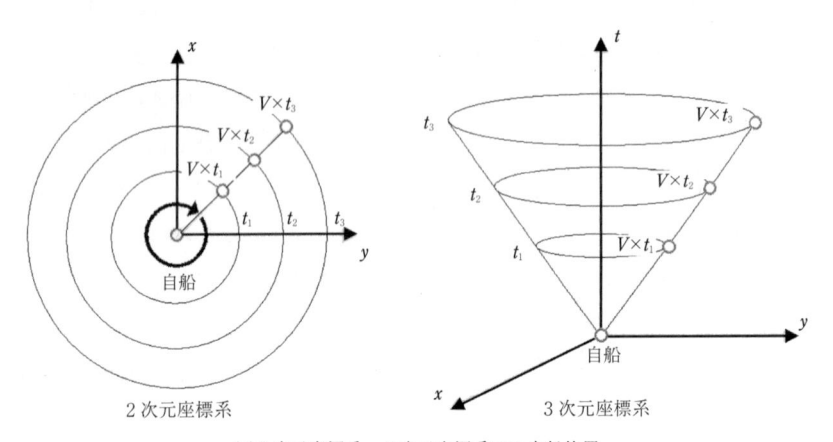

(a) 2次元座標系、3次元座標系での自船位置

(b) PADの3次元モデル

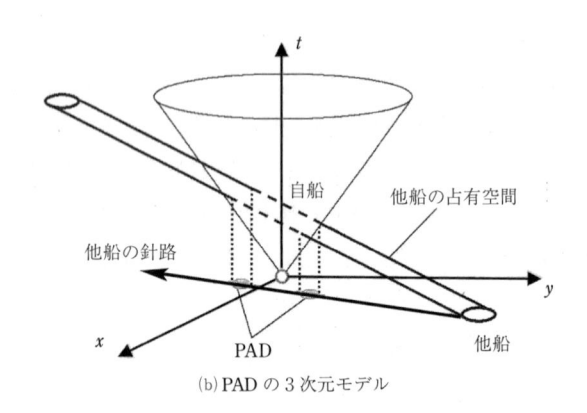

図6.2　PADの原理

行動決定を支援する衝突危険評価方法である。実際に、各他船の衝突危険範囲を捉えることができるため、船舶の輻輳した海域における行動決定に扱いやすいといえる。この手法は、3次元座標系で算出を行っているため、2次元座標系であるDCPA・TCPAの算出よりは複雑な面がある。

(2) 原理

図6.2(a)に、2次元座標系、3次元座標系での自船位置、図6.2(b)にPADの3次元モデルを示す。

自船が速力一定(速力を V とする)で、針路0度から360度の範囲で任意の方向に進むことができると仮定すると、任意の時刻(任意の時刻を t_1、t_2、t_3 とする)に到達可能な位置は、2次元座標系($x-y$ 平面)では自船の現在位置を中心とする円で示され、この円周上 $(V \times t_1)$、$(V \times t_2)$、$(V \times t_3)$ に、自船は必ず存在することになる。これを3次元座標系($x-y$ 平面に時間軸 t を加えたもの)で表現すると、自船の位置は、自船の現在位置を頂点とする円錐の表面上になる。ここで、他船の現在位置の周りに安全航過距離を半径とする安全航過円を描くと、この円は、時間が経過すれば他船の運動にしたがって移動し、その動きを3次元座標系 (x, y, t) で表すと、図6.2(b)のような他船の針路と速力に応じた傾きを持つ斜めの円柱となる。

このとき、円錐状の自船行動範囲の方程式は次式で与えられる。

$$x^2 + y^2 = (V \times t)^2 \tag{6.3}$$

また、自船位置を基準と考え他船位置を表した場合、半径、中心座標から円柱状の他船行動範囲の方程式は次式で与えられる。

$$(x - x_t)^2 + (y - y_t)^2 = S^2$$
$$x_t = a + V_T t \cos \psi_T$$
$$y_t = b + V_T t \sin \psi_T \tag{6.4}$$

ただし、

x_t, y_t：時刻 t における他船の位置座標

V：自船速力

ψ_T：他船針路

V_T：他船速力

$a \cdot b$：他船の相対位置、a は x 軸方向、b は y 軸方向

S：安全航過距離

図6.2(b)で、船の円柱が円錐の表面と接するところが、船舶同士の衝突予測危険範囲（PAD）である。これは (6.3) 式と (6.4) 式を連立して解くことで求めることができる。そして、円錐上にある衝突危険領域を2次元平面上に表示し、操船者の行動決定の支援をするのが PAD の考えである。

(3) 問題点

操船者に対して、衝突の危険を数値的に表示する DCPA・TCPA と比較し、PAD は衝突の危険を領域的に表示する形式であるため、操船者の行動決定を効果的に支援しているといえる。しかし、PAD には以下の問題点がある。

1つめは、使用する情報の誤差への対策は十分とは言い難い点である。PAD も DCPA・TCPA 同様に安全航過円を拡大することで対応している。これは PAD の原理的な問題といえる。

2つめは、DCPA・TCPA と同様に、実際の見合い関係と対する危険評価とはズレが生じてしまう点である。PAD の計算に使用している安全距離は相手船の前を航過する場合においても、後ろを航過する場合においても同じ距離を保っている。最適な安全距離については、船の大きさや船速および交通の輻輳状況などで変わってくる。しかし、現状の算出法ではそれに対応できていない。この問題点は、避航可能な領域が多い外洋では特に問題にならないが、輻輳した海域では致命的な問題となる。

6.1.3　目標による衝突妨害ゾーン（Obstacle Zone by Target）

(1) 概要

目標による衝突妨害ゾーン（以下 OZT とする）は、他船などの目標物と衝突する可能性が高い領域のことである。PAD と同様に、衝突危険のある領域を視覚的に示す形式の衝突危険評価法である。操船者は、他船の運動ベクトル

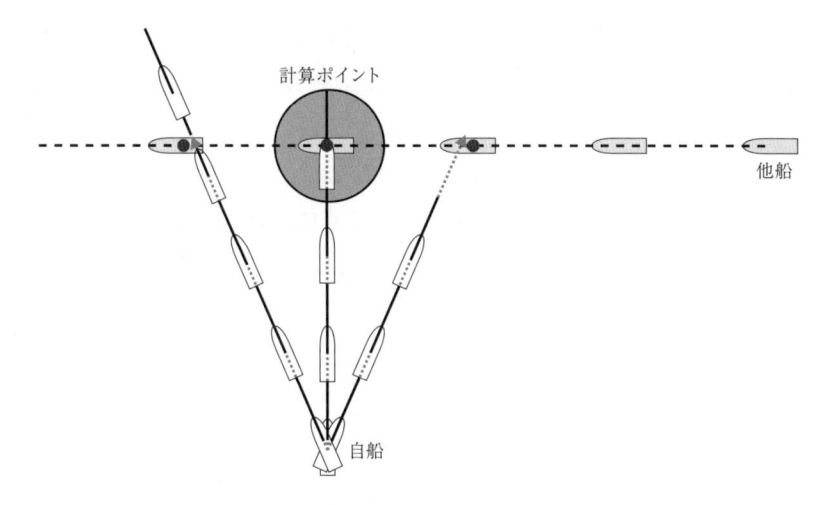

図6.3 OZTの原理図

を深く気にせずに、他船に目立った行動変化がなければOZTを避けるようなルートを選択することにより、他船との衝突を回避することができる（図5.6参照）。よって、操船者の衝突回避に係る行動決定に非常に役立つ。OZTの特徴は、情報誤差に対応できていることと最適な安全距離を船の大きさ、船速および交通の輻輳状況にあわせて変更できることである。

(2) 原理

図6.3にOZTの原理図を示す。

まず、他船の現在の進路、速力より算出した他船の未来の進路上にOZTの

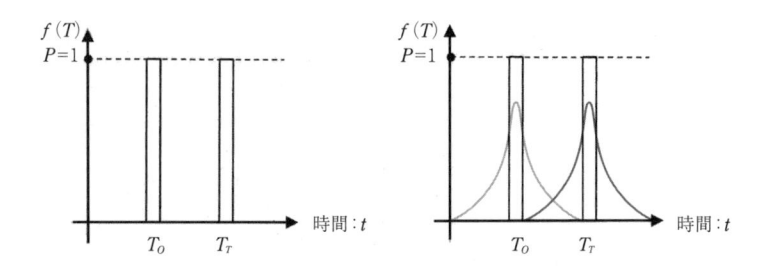

図6.4 計算ポイントに自船もしくは他船の存在する確率

計算ポイントを設定する。この点は他船の未来の船位を意味し、この点に至るまでの他船の到達時間を T_T、自船の到達時間を To とする。この T_T と To の値が異なる場合、この計算ポイントにおいて、自船と他船が同時に存在しない、つまり衝突しないことを意味する。OZT は、このような考え方を基盤として T_T と To の比較から自船と他船が、ある点において同時に存在する（すなわち、衝突している）可能性を計算し、衝突の危険について評価を行っている。

ある計算ポイントにおける自船もしくは他船の存在する確率を、図6.4のように縦軸を到達頻度の確率、横軸に時間とした場合、使用した情報が正確ならば、理論上は図6.4の左側のように、それぞれの到達時間以外にその場所に到着することはありえない。しかし現実の問題としては、使用する情報の誤差を考慮しなくてはならない。OZT では、図6.4の右側のように、自船と他船の到達時間の誤差分布が正規分布であるとして危険度を算出する形でこの問題に対応している。

この誤差分布により、DCPA・TCPA や PAD では十分に対応できていなかった情報誤差の問題を改善している。

(3) OZT の問題点

OZT は、他船の進路上に数多くの計算ポイントを設置し、計算ポイントごとに自船と他船の衝突確率を計算している。よって、前述の DCPA・TCPA や PAD に比べて計算が複雑であり、計算量も多いという欠点があり、輻輳海域において計算機の処理能力が低い場合は、リアルタイム性が欠ける問題点があった。しかし、昨今の計算機の処理能力の大幅な向上により、この問題点は解決できている。

6.2　映像位置のプロットによる運動情報の解析

レーダで得られた他船の位置情報を使って、他船の運動や衝突の危険などについて解析することをレーダプロッティングという。レーダプロッティングに

は、トゥループロットとレラティブプロットの方法があるが、一般にレラティブプロットが使われることが多い。レラティブプロットとは、記入用紙の中心を自船とし、レーダ観測による毎時刻の他船の相対位置情報を記入して他船の運動や衝突の危険などについて求める方法であり、記入された他船の相対位置は、そのままレーダ映像の相対ベクトルを示すことになる。このため、相対ベクトルに関する情報が得やすい利点を持つ。また、他船の真運動ベクトルについては、速力三角形（相対運動ベクトル、自船の運動ベクトルおよび他船の運動ベクトルからなる三角形）により求める。このレラティブプロットは、衝突回避の際の行動決定によく用いられる。

6.3 運動情報の精度

レーダプロッティングで使用される情報には、次のような誤差がある。
  a) 観測時間の誤差
  b) 物標の方位誤差
  c) 物標の距離誤差

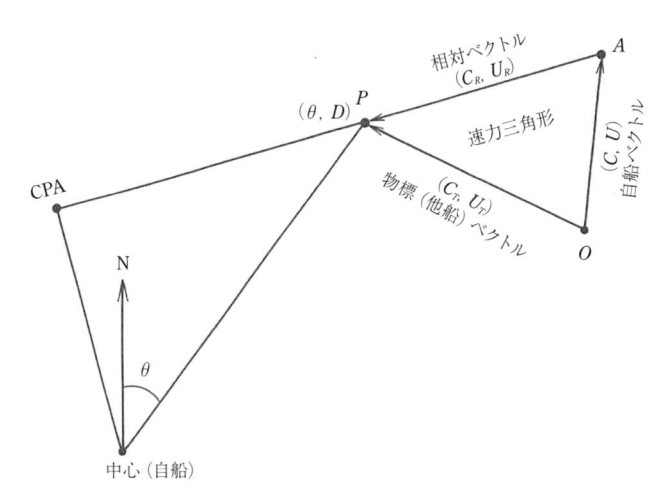

図6.5 速力三角形について

d) 自船の針路誤差

e) 自船の速力誤差

　これらの誤差は、解析結果である運動情報の精度に関係する。運動情報の精度が良くするためには次のことに注意する必要がある（ただし途中に変針や変速が無い場合）。

(1) 相対速力
  a) 映像の距離方位誤差が少ない
  b) 映像の2点の間隔が大きい
  c) 距離の近い映像
  d) 距離の2点の方位の差が少ない

(2) 相対針路
  a) 映像の距離・方位誤差が少ない
  b) 映像の2点の間隔が大きい
  c) 距離の近い映像

(3) 最接近距離
  a) 映像の距離・方位誤差が少ない
  b) 映像の2点の間隔が大きい
  c) 距離の近い映像
  d) 後測時の映像から最接近点までの距離が短い

(4) 物標の針路・速力
  a) 映像の距離・方位誤差が少ない
  b) 自船の針路・速力誤差が少ない
  c) 観測時間隔が長い

6.4　船舶の行動と相対ベクトルの変化

　船舶においては、制御できる行動は針路の変更（変針）と速力の変更（変速）である。これは速力三角形のうち、自船あるいは他船の運動ベクトルの変

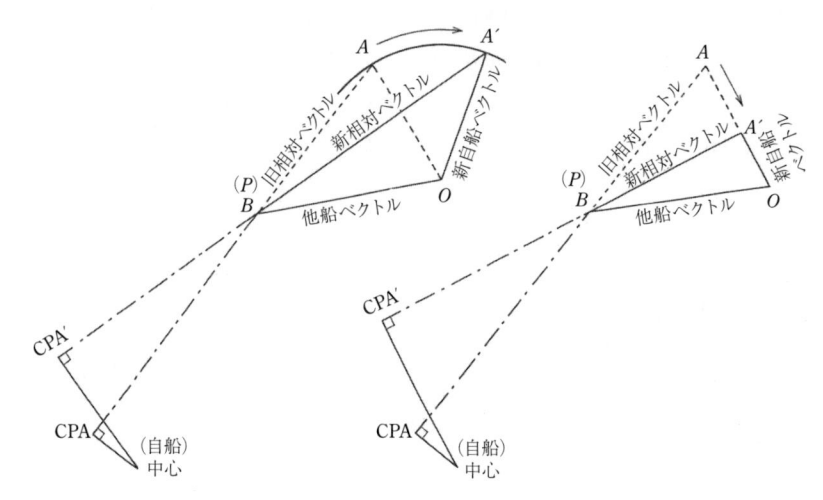

6.4 船舶の行動と相対ベクトルの変化　107

|自船の右転による最接近点の変化|自船の減速による最接近点の変化|

他船が点Bにあるとき自船が行動する。△OABは元の速力三角形であり $\overrightarrow{OA}$ が自船ベクトル、$\overrightarrow{OB}$ が他船ベクトル、$\overrightarrow{AB}$ が相対ベクトルである。△$OA'B$ は行動後の速力三角形を示す。

図6.6　自船の行動変化による最接近点の変化

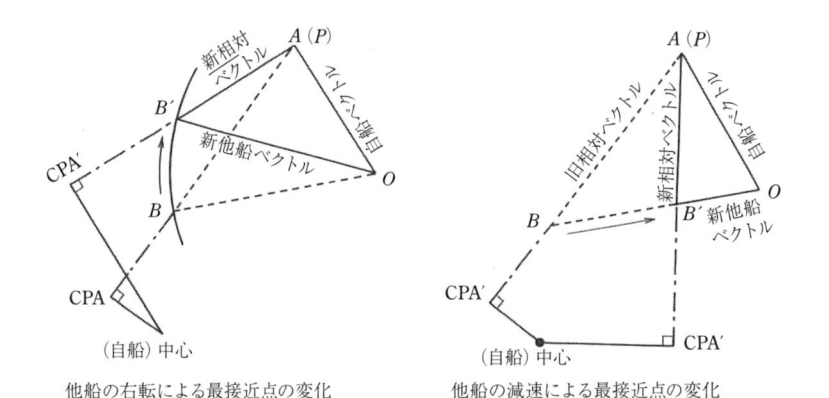

|他船の右転による最接近点の変化|他船の減速による最接近点の変化|

他船が点Aにあるとき他船が行動する。△OABは元の速力三角形、△OAB'は他船が行動後の速力三角形を示す。

図6.7　他船の行動変化による最接近点の変化

化となる。図6.6は、P点に他船がいるとき、自船が変針、変速した場合の速力三角形の変化ならびに最接近点（**CPA**）の変化をレラティブプロットにより示したものである。図6.7は、P点に他船がいるとき、他船が変針、変速した場合の変化を図6.6と同様に示したものである。

6.5 レラティブプロットによる運動情報の解析と避航動作の求め方

　霧中、自船は真針路350°、速力10ノットで航行中、レーダによりA丸の映像を表右のように観測した。（図6.8参照）

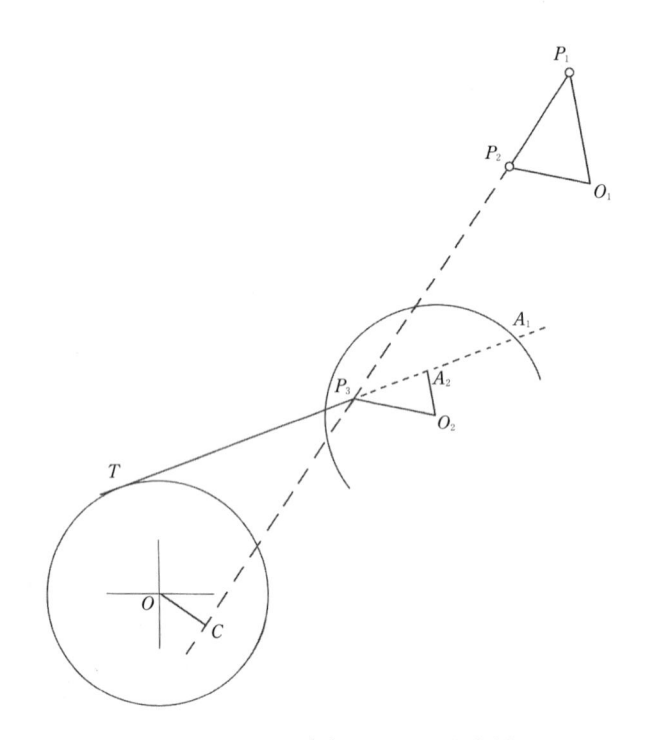

図6.8　レラティブプロットによる解析例

6.5 レラティブプロットによる運動情報の解析と避航動作の求め方

表6.1 計算例：他船を観測した時刻、方位、距離

	時刻	方位	距離（海里）
P_1	12：00	040°	12.0
P_2	12：12	041°	10.0

(1) 相対針路（C_R）、相対速力（U_R）

レーダープロティング用紙に、O を自船位置とし、P_1、P_2 を記入する。$\overrightarrow{P_1P_2}$ は12分間（1/5時間）の相対ベクトルであり $\overrightarrow{P_1P_2}$ の方向が相対針路（$C_R = 215°$）、$\overrightarrow{P_1P_2}$ の長さの5倍（1/5時間であるため）が相対速力（$U_R = 10$ ノット）となる。

(2) DCPA、TCPA

$\overrightarrow{P_1P_2}$ を延長し、その延長線上に O 点から垂線 OC を下せば、OC の長さが最接近距離（DCPA＝1.04海里）、相対速力で、C 点に達する時間が最接近時間（TCPA＝13時11.7分）となる。

(3) A丸との距離が5海里になったとき2海里離して航過するための自船の動作

自船が行動するときのA丸の位置は P_3 点である。P_3 より O を中心とし半径2海里の円への接線 P_3T を引く。この2本の接線が新しい相対ベクトルの方向となる。

 a) 自船の変針による場合

P_3 よりA丸のベクトル $\overrightarrow{O_2P_3}$ をとる（たとえば12分間のベクトル）。O_2 を中心とし自船の航走距離ベクトル $\overrightarrow{O_2P_3}$ の時間に等しい航走距離を半径とする円と接線 P_3T の P_3 側延長線との交点を A_1 とすれば、$\overrightarrow{O_2A_1}$ が自船の求めるベクトル（針路46.5°、速力10ノット）となる。

 b) 自船の減速による場合

P_3 より(a)と同様 $\overrightarrow{O_2P_3}$ をとる。O_2 から自船のもとの針路（350°方向）の線を引き、P_3T の P_3 側延長線との交点を A_2 とすれば $\overrightarrow{O_2A_2}$ が減速による新しいベクトル（針路350°、速力4.1ノット）となる。

6.6 レーダによる衝突回避上の注意事項

(1) 機器の調整を十分に行ったとしても、船の大小、遮影区域などのためにすべての他船を探知できるとは限らない。
　狭視界時には、熟練した仕官をレーダにつけて連続観測するとともに、通常の見張りも怠ってはならない。
(2) レーダ映像のみでは、他船の種類などは区別できない。また、他船の針路、速力もプロットを行わなければ判然としない。
(3) 自船の周りに同時に多数の他船がいる場合は、緊急度の高い船舶から順に調べること。一般に、前方にいる他船を特に注意すべきであるが、自船が低速である場合、後方の船舶についても注意を払う必要がある。
(4) プロッティングの誤差も考慮して航過距離には十分余裕を見込み、早めに衝突回避行動を行う。変針運動のみによって他船との衝突を回避する場合は、他船にわかりやすくその回避行動を示すために大角度の変針を行う。
(5) 衝突回避行動をとった後もその効果があったのか、他船が変針、変速を行っていないかなどを監視する。

6.7 自動衝突予防援助装置 (Automatic Radar Plotting Aids : ARPA)

　自動衝突予防援助装置(以下 ARPA とする)とは、操船者のレーダ観測時に係る負担を軽減すること目的に、レーダにより物標を探知し、その情報を自動的にプロッティングし、目標の相対運動や真運動を解析したり、避航操船に必要なさまざまの情報を表示する装置のことである。

6.7.1 ARPA の機能
基本的に、ARPA は以下の機能を持っている。
(1) 情報収集機能
レーダ情報、自船ベクトル情報その他航海情報の収集。

6.7 自動衝突予防援助装置（Automatic Radar Plotting Aids : ARPA） *111*

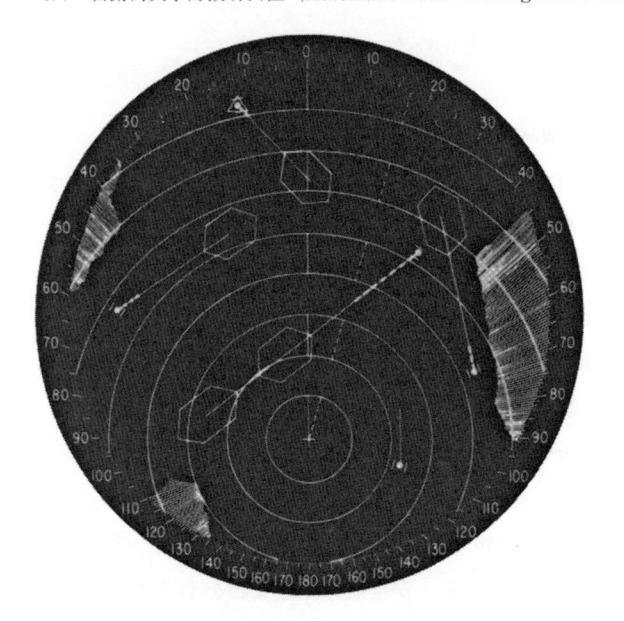

図6.9　ARPA（PAD）の表示例

(2)　情報解析機能

収集した情報から他船および障害物情報を検出する。必要なものについては捕捉・追尾してその行動を解析する。

(3)　衝突危険の評価機能

他船および障害物と自船の間に生じている衝突の危険性を解析し、評価する。

6.7.2　ARPAの表示方法

ARPAは、上記のIMOの基準を満足するように作られているが、具体的な装置については各社によって形式が異なる。

その表示方式の一例を図6.9に示す。図6.9は、前節で述べたPADを表すもので六角形がそれであって、この六角形に自船が接触するようになると危険であることを示すものである。したがって図のように、自船がこのまま進行すると危険であるときには、図中点線のように六角形に接触しない方向にコースを

変えれば安全であることになる。

6.7.3 制御パネルのスイッチ機能

ARPAの制御パネル上にあるスイッチ機能も各社によって異なるが、おおよそ次のように集約することができる。

(1) 自船速力の設定：ログによる自動入力か手動入力かを設定
(2) DCPA・TCPAの設定
(3) 自動捕捉、自動捕捉の設定：自動捕捉のときはJoy stickあるいはTrack ballにより目標を捕捉し、ボタンを押して目標の捕捉を行う。
(4) ベクトルの設定：ベクトルを時間に対して変える。
(5) 運動表示：真運動表示か相対運動表示かを切り替える。
(6) 試行操船：進路の変更、速力の変更に対する試行操船を行う。
(7) ガードリングの設定：安全航過距離などを半径とするガードリングの距離を設定する。
(8) 表示：次のデータを表示する。
    a) 追尾中の物標の針路速力
    b) 自船の針路、速力
    c) DCPA・TCPA
(9) 警報：物標接近警報、DCPA・TCPAの警報、消失物標警報。

6.7.4 ARPA使用上の問題点

ARPA等による情報を使って衝突回避を行う場合の問題点は以下のとおりである。

(1) レーダで自船の周りにいるすべての物標を検出することは不可能である。
(2) 他船や障害物の現在の運動を知ることはできない（解析で得られる運動は過去の運動である。）
(3) 情報（解析結果）には誤差がある。
(4) 他船の将来の行動変化は不明である。

6.7 自動衝突予防援助装置（Automatic Radar Plotting Aids：ARPA）

6.7.5 映像の運動情報

よく使われている運動情報は次のようなものである（図6.5参照）。

(1) 相対ベクトルに関する情報
  a) 相対針路（C_R）
  b) 相対速力（U_R）
  c) 最接近距離（DCPA）
  d) 最接近時間（TCPA）
  e) 船首（尾）航過距離
  f) 船首（尾）航過時間

(2) 物標ベクトル（真ベクトル）に関する情報
  a) 物標の針路（C_T）
  b) 物標の速力（U_T）
  c) アスペクト

第7章 電子海図

電波航法の特徴は、得られる情報や航法計算の結果が定量的であることと電子データで取り扱えることである。今後、この特徴を活かし、電波航法で得られた情報や航法計算の結果は、電子海図に統合表示する形で操船者に提供されると考えられる。電子技術の発達にともない、航行援助装置などの電子化が急速に進んでいる。船舶運航に不可欠な海図においても、従来使用されてきた紙媒体のものから電子媒体化が進み、ディスプレイ表示するシステムが普及しつつある。海図を電子媒体にすることで、これまでの紙海図と同等の情報量に加え、位置情報、針路、船速等の安全航海の実施に必要な情報を同一画面に表示できる。また、レーダや AIS 等の装置と接続することにより、他船情報を電子海図の画面上に重畳表示することも可能である。

ここでは、電子海図の概要と電子海図の核の部分である海図データおよび電子海図の代表的なものである ECDIS（Electronic Chart Display and Information System）および ECS（Electronic Chart System）について述べていく。

7.1 電子海図の概要

電子海図と呼ばれるものには、紙海図と同等の高級のものから海岸線のみを表示できるような低級のものまで多くの種類が存在するが、これらは次の3つに大別できる。

(1) ECDIS（電子海図表示システム）

紙海図と同等の高級なもので、国際的な性能基準が決められている。詳しくは7.3で述べる。

(2) ECS（電子海図システム）

ECDIS よりも簡単な電子海図である。ECDIS に比べて機能性が劣るが、廉

価で手に入る。詳しくは7.4で述べる。

(3) 簡易装置

海岸線のみを表示できるような簡易な装置で、正式な名前ではなくビデオプロッタと呼ばれて小型漁船やプレジャーボート等で利用されている。

いずれの装置であっても、性能の優劣はあるが、電子海図は次のような特徴を持っている。

a) 表示の拡張性

従来の紙海図の情報のみならずレーダ、位置、航海情報など他の情報を重畳表示できる。

b) 表示区域の選択性

表示区域を自由に選択でき、ズームアップやズームダウン、スクローリングなどが容易である。

c) 表示情報の選択性

表示したい情報とその場では必要ない情報を自由に選択できる。

d) 表示の識別性

多様な色彩や点滅などによりダイナミックなシンボルで表示している。

e) 改補の容易性

改補が人手によらず、自動的に行うことができる。

f) ポータビリティ

CDやDVDのような媒体となるので、持ち運びや格納が容易である。

g) ハイブリッド性

他の電子技術システムと連結してインターフェースのユーザーフレンドリー化が可能である。

h) 航海計画

紙海図で行うような航海計画、航海監視が自動的にできる。

7.2 公式電子海図データ

公式電子海図データの"公式"という言葉は、政府機関の権限下において作製、承認された海図データを表わしているものである。公式電子海図データには、ENC（航海用電子海図）と RNC（航海用ラスター海図）の2種類がある。

7.2.1 ENC（Electronic Navigational Chart）

ENC は、IMO において "ENC とは、ECDIS と一緒に使用するため、政府公認の水路当局またはその権限の下において刊行され、そのデータの内容、構成およびフォーマットについて標準化されたデータベースをいう。ENC は、安全な航海の実施に必要なすべての情報を含むもので、安全な航海に必要であると考えられる紙海図の図載情報に加え、補足的情報を含むことがある。" と定義されている。

ENC は、現行紙海図やその他の水路当局保有資料から作製され、個々の地理関連付けオブジェクトのデータベースから編集されたベクトル海図のことである。電子海図において ENC を使用する場合、その ENC のデータの内容は、ユーザーが選別した海図図載事項をユーザーが選択した縮尺でシームレスに表示することができる。コンピュータ画面の物理的サイズや解像度の制約のために ENC で生成される海図画像は、当該紙海図で表現されるものと完全に同じとはならない。

(1) ENC のデータフォーマット

ENC は、IHO S-57データフォーマットが用いられている。この S-57 は、各国の水路当局間におけるデジタル水路データの交換をはじめ、デジタルデータや製品のメーカー、航海者、その他データ利用者への提供・頒布のために使用される基準を一般的に記述したものである。

(2) ENC で使用している測地系

ENC では、測地系として GPS で用いられている WGS-84を使用しており、ほとんどの ENC が GPS に直接対応できるようになっている。

(3) ENC の縮尺

ENC は、その作製段階において、使用する元資料の性質に基づいて編集スケール（縮尺）が指定され、それに関連した航海目的バンドが割り当てられている。これは、小縮尺海図から大縮尺海図まで同じ海域を幅広くカバーしている紙海図に類似している。ENC では、表7.1に示すように、6段階の航海目的バンドがある。

また、IHO が示している仕様基準では、ENC 上にレーダ映像の重畳表示が行えるよう、それぞれの ENC の編集スケールを表7.2に示す標準レーダーレンジのスケールに一致させるように勧告している。

(4) ENC のアップデート

ENC の更新に係る発行の頻度は、通常、当該水域の管轄国が行っている水路通報により周知される海図改補事項と同時に行われている。更新情報は、当該サービス提供者と船舶に搭載されている通信設備の能力により、以下に示すような方法により船舶へ配信される。

・CD や DVD のようなデータ頒布メディア

・衛星通信を利用した E メールおよび衛星通信と追加通信機器を介した放送

7.2.2 RNC（Raster Navigational Chart）

RNC は、IHO 特殊刊行物 S-61「航海用ラスター海図（RNC）作製仕様基準」に基づく紙海図のデジタル複製物である。すなわち、RNC の海図情報は、紙海図をスキャナで読み取り、情報をデジタイズしているものである。また、特定の機能を確保するための重要なメタ・データも含まれている。
RNC と ENC のおもな相違点は以下のとおりである。

・RNC は、ENC のように乗り揚げ防止などの危険信号を自動的に発生させることはできないが、避険線、危険範囲などを手動入力し、警報を発生させることはできる。

・RNC では、異なったスケールの海図を連続的につなぐことができないので、表示されている海図情報が切り替わる際に、前方の距離や方位の計測

7.2 公式電子海図データ

表7.1 スケール・レンジに合わせた航海目的バンドについて

航海目的	名称	スケール・レンジ
1	概観（Overview）	＜1：1,499,999
2	一般航海（General）	1：350,000～1：1,499,999
3	沿岸航海（Coastal）	1：90,000～1：349,999
4	アプローチ（Approach）	1：22,000～1：89,999
5	入港（Harbour）	1：4,000～1：21,999
6	接岸停泊（Berthing）	＞1：4,000

表7.2 レーダーレンジと標準スケール（縮尺）について

各種選択可能レンジ	標準スケール（概数）
200海里	1：3,000,000
96海里	1：1,500,000
48海里	1：700,000
24海里	1：350,000
12海里	1：180,000
6海里	1：90,000
3海里	1：45,000
1.5海里	1：22,000
0.75海里	1：12,000
0.5海里	1：8,000
0.25海里	1：4,000

に気をつけなければならない。

・RNCでは、字の大きさや向きなどは単独で変えることはできない（上方を北にして表示している海図情報の場合、南を上方にして表示すると字は逆さまになってしまう。また、ズームダウンするとそれだけ字は小さくなってしまう）。このように、RNCはある情報だけを単独に変えることができない。

(1) RNCのデータフォーマットおよびその作製

ENCのフォーマットは、IHOによって1つに定められているのに対し、

RNC のフォーマットは、複数のフォーマットが存在する。おもなフォーマットとして次のものがある。

・BSB（米国、カナダ、キューバ、アルゼンチンで使用されている）
・HCRF（英国、オーストラリア、ニュージーランドで使用されている）

(2) RNC のアップデート

RNC の更新情報は、電子海図の装置にインストールされている RNC に対し、完全に新たな画像として提供されるか、または、その一部を張り替えるタイルまたはエリアとして供給される。また、更新情報は、当該紙海図に対して行われるものと一緒に提供される。ほとんどの RNC は、その配送媒体として CD が用いられているが、航海士が必要な海図更新情報をダウンロードできるように電子クーリエ・サービスも設けられている。

7.3 ECDIS

ECDIS は、IMO の ECDIS 性能基準（IMO 決議 MSC.232（82））において、"電子海図表示情報システム（ECDIS）は、必要なバックアップを備えれば、SOLAS 条約第 V 章第19規則及び同第27規則で求められている「最新維持された海図」に適合するものとして受け入れられる。" と定められている。本節では、電子海図の代表的なものである ECDIS について詳しく述べていく。

7.3.1 ECDIS の構成

ECDIS は、図7.1で示すように ENC、SENC（System Electric Navigation Chart）、ECDIE（Electronic Chart Display Equipment）で構成されている。

SENC とは、航海者が ENC 情報に水路情報や海図情報を付加したデータベースである（図7.2）。SENC 情報の内容を図7.3に示す。ECDIE は、SENC から呼び出された情報と航海機器情報や位置情報などのインターフェースから受け取った情報を操船者に示す表示装置のことである。

7.3 ECDIS   121

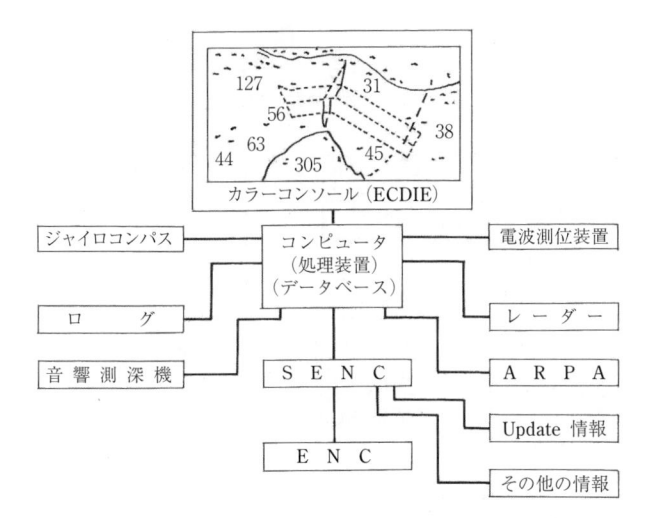

図7.1(a)　ECDIS 構成の一例

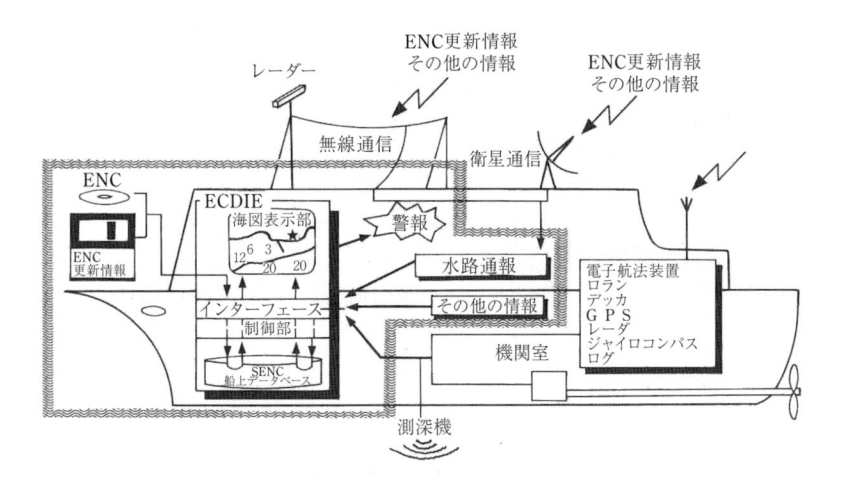

図7.1(b)　ECDIS の概念図

122　第7章　電子海図

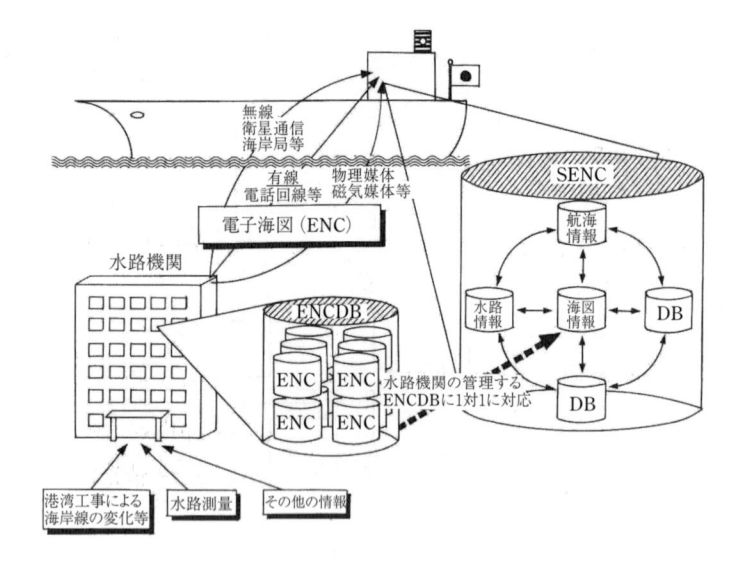

図7.2　ENC データベースと SENC の関係

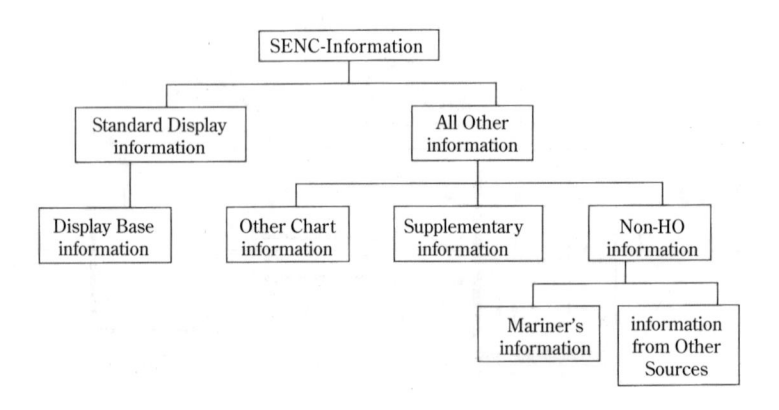

図7.3　SENC 情報の内容

7.3.2 ECDIS の表示

ここでは、ECDIS で表示される情報やシンボルの色彩などについて述べる。

(1) SENC 情報の表示

ECDIS で表示できる情報は、SENC 情報と情報インターフェースからの外部情報である。SENC 情報は、Standard Display（標準表示）、Display Base（基本表示）、All Other Information（すべての他の情報）の3つに分類されている。

Standard Display は ECDIS のスイッチを最初に入れたときに表示される SENC 情報である。これは通常の航海に利用する程度の内容であってあまり使わない情報は除外してある。しかし、この中でも不必要な情報は航海者によって消去

表7.3　航路計画および航海監視中に表示されるべき SENC 情報

1　Display Base, ECDIS の表示に必ず残されている情報で、次のものからなる。
　・1　海岸線（high water）
　・2　自船の安全等深線、航海者によって選択される
　・3　安全等深線で定められる安全範囲の水域内にある、安全等深線よりも浅い水中孤立障害物
　・4　安全等深線で定められる安全範囲の水域内にある、孤立障害物、たとえば橋や空中ケーブルなどであって、航海援助用であるなしにかかわらず浮標や灯標なども含む
　・5　分離通行方式の航路
　・6　スケール、距離、方位基準、表示モード
　・7　水深と高さの単位
2　Standard Display、海図が最初に表示されるときに ECDIS に表示されるもので、次のものからなる。
　・1　Display Base
　・2　干出岸線
　・3　固定または浮いている航路標識の表示
　・4　航路や水道などの境界線
　・5　目視上の、またはレーダ上の著名物標
　・6　航行禁止区域または航行制限区域
　・7　海図のスケール境界
　・8　注意記事の表示
3　All Other Information、要求によって個々に表示される、その他の情報。例として、次のものがある。
　・1　測深点水深　　　　　　　　　　　　・7　ENC の編集年月日
　・2　海底電線や海底パイプライン　　　　・8　測地系の名称
　・3　フェリー航路　　　　　　　　　　　・9　地磁気偏差
　・4　すべての孤立障害物の詳細　　　　　・10　緯度・経度線
　・5　航行援助設備の詳細　　　　　　　　・11　地域名
　・6　航行注意報の内容

することができる。

　Display Base は航海の安全上絶対に必要な情報であり、表示から取り除くことのできない SENC の情報レベルである。

　All Other Information は Standard Display、Display Base 以外のすべての海図情報、その補足情報、水路情報や他の告示など海図情報以外の情報からなっている。IMO で決められているこれらの SENC 情報を表7.3に示す。

(2)　航海情報の表示

航海情報として表示されるシンボルには次のようなものがある。
- a) 自船
- b) 自船および他船の時間をつけた過去の航跡
- c) コース・スピードメイドグッドのベクトル
- d) 可変レンジマーカーと電子的ベアリングライン
- e) カーソル線
- f) イベントマーカー
- g) 自船の推測位置と時間
- h) 自船の推定位置と時間
- i) 実測船位と時間
- j) 転位された位置の線と時間
- k) 四角の中に書かれた有効時間と強さをつけた予測される潮流またはそのベクトルおよび実際の潮流またはそのベクトル
- l) 危険物
- m) 避険線
- n) メイドグッドのための計画コースとスピード
- o) ウェイポイント
- p) 航程
- q) 日時つきの計画位置
- r) 光達距離
- s) 舵角一杯で転舵したときの予測位置と操舵からの経過時間

7.3 ECDIS

(3) シンボルと色

ECDISのシンボルやその大きさと色は、IHOおよびIMOによって決められている。表7.4はIMOによって決められている航海用のシンボルや色である。特に色については、ECDISのブラウン管が紙海図のように反射光ではなく放射光であるので、船橋の明るさによって微妙に色が変化したり、操船者に見えにくくなってしまったりする。よって、放射光に適した配色を採用しており、船橋の明るさに応じて4種類のカラーテーブルが用意されている。

(4) スケール

ECDISでは、ズームアップやズームダウンが自由にできるので、一部分を拡大したり縮小して表示できるが、データベースの持つ許容値を超えて拡大・縮小しても無意味であるとともに海図としての精度が保てなくなり危険であるので、スケールオーバーやスケールアンダーの場合は警報を出すこととなっている。

(5) 分解能と精度

海図として用をなすために、ECDISの画面はある程度の大きさを持ち、分解能も適当でなければならない。たとえば、港湾航行用の1／5万縮尺の海図を0.1mmごとにデジタイズすれば、分解能は実距離で5mとなり、1／20万縮尺の沿岸用の海図では20mとなる。そこでIMOでは、次のように決めている。1mmあたりの走査線の数は$L = 864/S$によって与えられる。Sは表示画面の最小の長さである。たとえばブラウン管画面の長さ270mmであるときは、$L = 3.20$となり、したがって、0.312mmの画素単位となる。IMOでは、スクリーンの大きさは270mm×270mm以上と決めている。

精度は、安全な航行の実施に大きな影響を与えるので厳格に定められている。

(6) 水深情報

座礁事故に影響を及ぼす重要なものである。水深に関する情報はENCに含まれており、ECDISではENCから得られる自船まわりの水深情報と設定された危険水深を常に比較し、自船が水深の浅い危険水域を横切るようなときは、操船者に対して警報を発することになっている。

表7.4 IMO で定められた ECDIS のシンボル

Section	Subsection number	Symbol to be used on ECDIS	Description in the English laguage	Notes	Colour Token (IHO ECDIS Presentaion Library)
Route monitoring-position lines	1	a b	Own ship	The use of symbol 1-a/b on radar systems is optional. Symbol 'b' must be scaled to indicate length and beam of the vessel and may be representative of own ship's outline. In either case the largest dimension of the symbol shall not be less than 6 mm. Heading and beam lines are optional. If displayed, heading line extends to chart window edge and beam line extends 10 mm (optionanlly extendable).	ships
	1.1	1115 30	Past track with time marks for primary track	Time mark intervals may be set by the operator. Time to be HHMM or MM.	pstrk
	1.2	1015 40	Past track with time marks for secondary track	Time mark intervals may be set by the operator. Time to be HHMM or MM.	sytrk
	2.1		Own ship's vector for course and speed made good (i. e. over ground)	Marks at 1 min intervals. Filled mark at 6 min intervals. Length represents user selected period applied to ALL vectors.	ships

7.3 ECDIS 127

Section	Subsection number	Symbol to be used on ECDIS	Description in the English laguage	Notes	Colour Token (IHO ECDIS Presentaion Library)
Route monitoring- position lines	2.2		Own ship's vector for course and speed through water	Marks at 1 min intervals. Filled mark at 6 min intervals. Length represents user selected period applied to ALL vectors.	ships
Target tracking- AIS reported targets	2.3		"Active" AIS target	Centre is pivot point. Orientated with heading. Heading line is 25 mm long.	arpat
	2.4		"Sleeping" AIS target To avoid confusion with AIS target with no associated vector.	Centre is pivot point. Orientated with heading. "Sleeping" AIS has no vector.	arpat
	2.5		Vector for course and speed made good (i. e. over ground).	Marks at 1 min intervals. Filled mark at 6 min intervals. Length represents user selected period applied to ALL vectors.	arpat
Electronic plotting video symbol- IEC 60872	2.6	See IEC 60872	Plotted target- Course and speed vector IEC 60872 video symbol 4A		arpat
	2.7	See IEC 60872	Vector for course and speed made good (i. e. over ground). IEC 60872 video symbol 4B	Marks at 1 min intervals. Thick mark at 6 min intervals. Length represents user selected period applied to ALL vectors.	ships

128 第7章 電子海図

Section	Subsection number	Symbol to be used on ECDIS	Description in the English laguage	Notes	Colour Token (IHO ECDIS Presentaion Library)
Electronic plotting video symbol- IEC 60872	2.8	See IEC 60872	Vector for course and speed through water. IEC 60872 video symbol 4B	Marks at 1 min intervals. Thick mark at 6 min intervals. Length represents user selected period applied to ALL vectors.	ships
Route monitoring- position lines	3		Variable range marker and/or electronic bearing line	The VRM and EBL may be ship centred or freely movable. A small filled circle indicates the EBL origin when offset. An EBL is to be an interrupted line with long dashes. The first VRM is to be a long dashed ring. The second VRM is to be a long dashed ring distinguished by a different line style of dashes.	ninfo
Route monitoring- general	4	a b	Cursor	The cursor crossover point may be left blank as shown in 'b'. In either case the largest dimension of the symbol shall not be less than 10 mm.	cursr
	5	4	Event	The symbol may be mumbered and have additional text such as time/"MOB" associated with it.	ninfo
		All own ship references relate to the conning position			
Route monitoring- calculated positions (indicated by thickened circle)	5.1	1115 DR	Dead reckoning position and time (DR)		ninfo

7.3 ECDIS 129

Section	Subsection number	Symbol to be used on ECDIS	Description in the English laguage	Notes	Colour Token (IHO ECDIS Presentaion Library)
Route monitoring-calculated positions (indicated by thickened circle)	5.2	1115 EP	Estimated position and time (EP)		ninfo
Route monitoring-position fixes	6	1115 X	Eix and time	X indicates method of fix	ninfo
		V Visual Gl Glonass A Astronomical L Loran/Tchaika R Radar M MFDF D Decca O Omega G GPS T Transit/Tsikada A differential system is denoted by a prefix 'd'. e.g. dG, dO etc.			
Route monitoring-position lines	7	0705	Position line and time		ninfo
	8	0705 TPL	Transferred position line and time		ninfo
Route planning-tidal stream	8.1	1115 $\boxed{1_4}$	Predicted tidal stream or current vector with effective time and strength (in box)	Predicted from tidal database	ninfo

第7章 電子海図

Section	Subsection number	Symbol to be used on ECDIS	Description in the English laguage	Notes	Colour Token (IHO ECDIS Presentaion Library)
Route planning-tidal stream	8.2	1115	Actual tidal stream or current vector with effective time and strength (in box)	Measured from available sensor information. Strangth to be displayed in knots	ninfo
Route planning-danger highlight	9		Danger highlight	Transparent red danger arcs drawn by the operator. May be flashing. Examples shown are wrecks. All underlying chart data shall be clearly visible.	dnghl
Route planninng-clearing lines	10	NMT080 NLT045	Clearing line NMT=Not more than NLT=Not less than	Example is shown for clearing a wreck and north mark buoy	ninfo
Route monitoring-Calculated positions (indicated by thickened circle)	11	065　15	Planned course and speed to make good. Speed is shown in box.		plrte/aplrt
	12	W103	Waypoint (Used in conjunction with symbols 14 and 19)	Waypoints may be labelled. Label shall be unique. First character shall be a letter but not 'O', 'I' or 'Z'	plrte/aplrt
	13	80M 60M	Distance to run	May be replaced by more direct means	plrte/aplrt

7.3 ECDIS *131*

Section	Subsection number	Symbol to be used on ECDIS	Description in the English laguage	Notes	Colour Token (IHO ECDIS Presentaion Library)
Route monitoring- Calculated positions (indicated by thickened circle)	14	20/1115	Planned position with date and time.	May be replaced by more direct means	plrte/aplrt
	15	Ushant Lt Fl (2) W10s	Visual limits of lights, arc to shore rising/ dipping range	Inscriptions are optional NOTE-not shown on alternate route	ninfo
	16	WO (25) 1115	Estimated position and time (EP). Position and time of "wheel-over"	Minimum symbol to indicate "wheel-over" line (annoteted 'WO'), other data can be optionally provided. NOTE-not shown on alternate route	ninfo

- "wheel-over" is defined as a geographic position along the ship's intended track where, taking into account the dynamics of the ship and the prevailing environmental conditions, the mariner considers it necessary to put the "wheel-over" to achieve the intended new track.

7.3.3 航海計算

ECDIS では、最低でも次の航法計算ができるようになっている。
(1) 地理的緯度・経度から表示緯度・経度計算およびこの逆
(2) 使っている測地系と WGS −84 の変換
(3) 2地点間の距離と方位
(4) 航程線、大圏各種の航法計算

7.3.4 バックアップ機能

近い将来、ECDIS は航海計器の中枢を占めることになる。よって ECDIS の故障は、安全な航海の実施に大きな影響を及ぼすことになる。このバックアップ機能として、IMO では、正式に認可された ECDIS を2台搭載している船舶は紙海図を搭載しなくても良いと定めている。

7.4 ECS

ECDIS は高価であるので、費用の面から中小型船への普及が進んでいない。電子海図を中小型船へ普及させるためには価格が安くないと普及しない。そこで、ECS と呼ばれる電子海図が提案された。ECS は、国際的な名称であり、その目的は航海の安全に寄与し、航路計画のような航海関連の諸作業を軽減することである。しかし、ECS は、ECDIS と違って SOLAS 条約で要求されている海図と同等物ではなく、紙海図に含まれる情報の中の基本的なものを表示するにとどまっているので、安全な航海の実施のためには紙海図と併用して使用しなければならない。その構成は ECDIS とほぼ同様で、データベースの ERC (Electronic Reference Chart)、SENC と表示装置からなっている。

索　引

【欧文等】

1 - HOP - E ……………………………… 16
1 - HOP - F ……………………………… 16
2 - HOP - E ……………………………… 16
2 - HOP - F ……………………………… 16
AIS（Automatic Identification System）… 83
All Other Information …………………… 123
ARPA …………………………………… 110
BSB ……………………………………… 120
C/A コード ……………………………… 41
CDMA（Code Division Multiple Access）… 39
Compass ………………………………… 39
Course Up ……………………………… 77
CPA ……………………………………… 108
DCPA（最接近距離）…………………… 97
DGPS（Differential GPS）……………… 57
Display Base（基本表示）……………… 123
E 層 ……………………………………… 8
ECDIE（Electronic Chart Display Equipment）………………………… 120
ECDIS（Electronic Chart Display and Information System）……………… 115
ECS(Electronic Chart System) ………… 115
EHF（Extremely High Frequency）… 13, 15
ENC（Electronic Navigational Chart）…… 117
F. T. C …………………………………… 73
FDMA（Frequency Division Multiple Access）……………………………… 39
F 係数 ………………………………… 18, 64
Fading …………………………………… 19
Galileo …………………………………… 39
GDOP（Geometric Dilution Of Precision）………………………… 55
GLONASS（GLObal Navigation Satellite System）…………………………… 39
GPS（Global Positioning System）…… 39, 40
G 系列符号発生器（ゴールド符号発生器）
………………………………………… 43
HCRF …………………………………… 120
HDOP …………………………………… 56
Head Up ………………………………… 77
High Frequency ……………………… 14, 17
INT-NAV（Integrated Navigational Information Display on Seascape Image）……………………………… 93
L_1 コード ……………………………… 41
L_2 コード ……………………………… 41
Low Frequency ……………………… 13, 16
LRIT（Long Range Identification and Tracking）…………………………… 95
LUF（Lowest Usable Frequency）……… 17
Medium Frequency ………………… 13, 16
MUF（Maximum Usable Freqency）…… 17
M 曲線 ………………………………… 4, 6
NNSS（Navy Navigation Satellite System）
………………………………………… 38
North Up ………………………………… 77
OZT（Obstacle Zone by Target）……… 102
P. P. I（Plan Position Indicater）……… 76
PAD（Predicted Area of Danger）……… 100
PDOP …………………………………… 56
PRN コード ……………………………… 41
PSK 変調 …………………………… 41, 44
P コード ………………………………… 41
RNC（Raster Navigatonal Chart）……… 118
S. T. C …………………………………… 73
SWF（Short Wave Fadeout）…………… 20

134　索　引

S-57データフォーマット ………………… *117*
SENC（System Electric Navigation Chart）
　………………………………………… *120*
SOTDMA（Self Organization Time
　Division Multiple Access）………… *86*
Standard Display（標準表示）…………… *123*
Super High Frequency …………………… *14*
TCPA（最接近時間）………………………… *97*
TDOP ………………………………………… *56*
Ultra High Frequency ……………… *14, 17*
VDOP ………………………………………… *56*
Very High Frequency ……………… *14, 17*
Very Low Frequency ………………… *13, 15*

【あ行】

異常反射波 ……………………………… *1, 21*
インテンシティ …………………………… *73*
衛星航法 …………………………………… *35*
映像信号調節 ……………………………… *73*
オメガ（Ω）………………………………… *29*

【か行】

鏡現象 ……………………………………… *76*
可変距離目盛 ……………………………… *74*
干渉型フェージング ……………………… *19*
危険予測域（Predicted Area of Danger）
　…………………………………………… *100*
疑似距離 …………………………………… *51*
基線 ………………………………………… *26*
偽像 ………………………………………… *74*
基本表示 …………………………………… *123*
吸収性フェージング ……………………… *20*
極軌道衛星 ………………………………… *39*
極超短波（UHF）……………………… *14, 17*
距離分析能 ………………………………… *70*
空間波 ……………………………………… *1*
屈折率 ……………………………………… *4*

ゲイン調節 ………………………………… *73*
航海用電子海図 …………………………… *117*
航海用ラスター海図 ……………………… *118*
光学的見通し距離 ………………………… *68*
固定距離目盛 ……………………………… *74*
コーディングディレイ …………………… *31*
コーナーレフレクタ ……………………… *65*
ゴールド符号発生器 ……………………… *43*

【さ行】

最高周波数（Maximum Usable Freqency）
　…………………………………………… *17*
最小探知距離 ……………………………… *70*
最接近距離 ………………………………… *97*
最接近時間 ………………………………… *97*
最接近点（CPA）………………………… *108*
最大探知距離 ………………………… *64, 67*
最低周波数（Lowest Usable Frequency）
　…………………………………………… *17*
サイドローブ ……………………………… *74*
サブフレーム ……………………………… *46*
磁気嵐型電波障害 ………………………… *20*
自動衝突予防援助装置（Automatic Radar
　Plotting Aids）………………………… *110*
シフトレジスタ …………………………… *43*
自律式時分割多元接続 …………………… *86*
受信電界強度 ……………………………… *2*
準天頂衛星システム ……………………… *40*
真運動表示 ………………………………… *78*
真方位指示（North Up）……………… *74, 77*
針路指示（Course Up）………………… *77*
垂直ビーム幅 ……………………………… *70*
水平ビーム幅 ……………………… *71, 79, 80, 81*
スキップディスタンス …………………… *11*
スキャナ回転速度 ………………………… *72*
スネルの法則 ……………………………… *4*
スペクトル拡散 …………………………… *45*

スペクトル拡散通信方式 ……………… 46
スポラディック E 層（ES 層）………… 8
スロット ………………………………… 87
正割法則 ………………………………… 10
正規反射波 …………………………… 1, 21
静的情報 ………………………………… 84
接地型ダクト …………………………… 7
センチ波（SHF）……………………… 14
尖頭出力 ………………………………… 72
船舶自動識別装置（Automatic
　　Identification System）…………… 83
双曲線航法 ……………………………… 23
喪失目標 ………………………………… 93
送信遅延時間（コーディングディレイ）…… 31
相対運動表示 …………………………… 78
相対方位指示（Head Up）…………… 77
速力三角形 …………………………… 105

【た行】

大地反射波 ………………………… 1, 2, 3
第二次掃引偽像 ………………………… 76
対流圏反射波 …………………………… 1
多重反射 ………………………………… 74
短波（HF）………………………… 14, 17
地上波 …………………………………… 1, 2
チップ率 ………………………………… 42
地表波 ……………………………… 1, 2, 4
中心拡大 ………………………………… 74
中波（MF）………………………… 13, 16
超短波（VHF）…………………… 14, 17
超長波（VLF）…………………… 13, 15
長波（LF）………………………… 13, 16
跳躍距離 ………………………………… 11
直接波 ……………………………… 1, 2, 3
ディマー ………………………………… 74
デッカ …………………………………… 28
デリンジャー現象（Short Wave

Fadeout：SWF）……………………… 20
電子海図 ……………………………… 115
電子海図システム …………………… 115
電子海図表示システム ……………… 115
電波雑音 ………………………………… 20
電離層 …………………………………… 7
電離層遅延 ……………………………… 12
電離層遅延補正誤差 …………………… 12
電離層通抜波 …………………………… 1
電離層反射波 …………………………… 1
動的情報 ………………………………… 84
ドップラー効果 …………………… 15, 35, 36
ドップラーシフト ……………………… 35

【な行】

二次位相遅れ …………………………… 31
二重反射 ………………………………… 76

【は行】

バイナリーメッセージ ………………… 86
パルス繰り返し数 ……………………… 72
パルス幅 ………………………………… 72
ビデオプロッタ ……………………… 116
標準表示 ……………………………… 123
フェージング（Fading）……………… 19
不感帯 …………………………………… 11
フレーム（AIS 関連）………………… 87
フレーム（GPS 関連）………………… 46
偏波性フェージング …………………… 20
偏波面 …………………………………… 11
方位分解能 ……………………………… 71

【ま行】

マイクロ波（Extremly High Frequency）
…………………………………… 14, 15, 17
ミリ波（EHF）………………………… 15
目標による衝突妨害ゾーン（Obstacle

Zone by Target) ························ 102

【や行】

有効反射面積 ······················ 66, 67

【ら行】

ラジオダクト ························ 4, 7
ランドフォール ······················ 82
臨界周波数 ··························· 9

レーダ（RADAR）················ 63
レーダ電波の見通し距離 ············ 68
レーダプロッティング ············· 104
レーダ方程式 ······················· 63
レーン ····························· 27
レラティブプロット ··········· 105, 108
レンジ切換 ························· 73
ロラン A ··························· 28
ロラン C ······················· 29, 30

著者略歴

東京海洋大学
教　授　　今津　隼馬（いまづ　はやま）

昭和43年9月、東京商船大学航海科卒業。昭和62年、東京大学大学院にて博士号取得。現在は東京海洋大学理事・副学長。教授としても教壇に立つ。海洋工学部海事システム工学科、海洋科学技術研究科海運ロジスティクス、応用環境システム学専攻。専門分野は航海学、行動決定。現在AISに関する研究会を開催している。

東京海洋大学
准教授　　榧野　純（かやの　じゅん）

平成10年9月、東京商船大学航海科卒業。東京商船大学大学院にて博士号取得。海上技術安全研究所、弓削商船高等専門学校を経て、現在、東京海洋大学海洋工学部 海事システム工学科准教授。大学院では海運ロジスティクスを専攻。

新版　電波航法（しんぱん　でんぱこうほう）

定価はカバーに表示してあります。

平成24年3月8日　初版発行

著　者　今津隼馬・榧野純　共著
発行者　㈱成山堂書店
　　　　代表者　小川典子
印　刷　亜細亜印刷㈱
製　本　㈱難波製本

発行所　株式会社　成山堂書店
〒160-0012　東京都新宿区南元町4番51　成山堂ビル
TEL：03(3357)5861　FAX：03(3357)5867
URL http://www.seizando.co.jp
落丁・乱丁本はお取り換えいたしますので、小社営業チーム宛にお送り下さい。

Ⓒ2012　Hayama Imazu・Jun Kayano
Printed in Japan　　ISBN978-4-425-41325-6

定価変更の場合もあります　　　成山堂の海事関係図書　　　総合図書目録無料贈呈

❖辞　典・外国語❖

❖辞　典❖

英和 海事大辞典（2訂版）	逆井編	16,800円
和英英和 船舶用語辞典	東京商船大辞典編集委員会編	5,250円
英和和英 海洋航海用語辞典	四之宮編	3,570円
英和和英 機関用語辞典	升田編	3,150円
英和和英 総合水産用語（4訂版）	金田編	12,600円
図解 船舶・荷役の基礎用語（六訂版）	宮本編著	3,990円
海に由来する英語事典	飯島・丹羽共訳	6,720円
海と空の港大事典	日本港湾経済学会編	5,880円

❖外国語❖

新版英和対訳 IMO標準海事通信用語集	海事局監修	4,830円
英和 新しい航海日誌の書き方	四之宮著	1,890円
発音カナ付英文・和文 新しい機関日誌の書き方（新訂版）	斎竹著	1,680円
実用英文航海日誌記載要領	加藤・師岡共著	2,100円
実用英文機関日誌記載要領	岸本・大橋共著	2,100円
航海英語のABC	平田著	1,890円
船員実務英会話テキスト／カセット	日本郵船海務部編	1,680円／5,097円
混乗船のための英語マニュアル	日本郵船著	2,520円
復刻版 海の英語―イギリス海事用語根源―	佐波著	8,400円
海の物語（改訂増補版）	商船高専英語研究会編	1,680円
機関英語のベスト解釈	西野著	1,890円
海の英語に強くなる本―海技試験を徹底研究―	桑田著	1,680円

❖法令集・法令解説❖

❖法　令❖

海事法令シリーズ①海運六法	海事局監修	16,380円
海事法令シリーズ②船舶六法	海事局監修	38,850円
海事法令シリーズ③船員六法	海事局監修	31,920円
海事法令シリーズ④海上保安六法	保安庁監修	15,750円
海事法令シリーズ⑤港湾六法	港湾局監修	10,500円
海技試験六法	海技資格課監修	4,830円
実用海事六法	国土交通省監修	12,600円
最新海技試験科目細目	船員部監修	2,730円
安全法シリーズ①最新船舶安全法及び関係法令	安全基準課監修	10,290円
安全法シリーズ②最新船舶設備関係法令	安全基準課監修	3,990円
安全法シリーズ③最新船舶機関構造関係法令	安全基準課監修	4,620円
安全法シリーズ④最新小型漁船安全関係法令	安全基準課監修	3,780円
最新船舶法及び登録・測度関係法令	検査測度課監修	3,780円
加除式 危険物船舶運送及び貯蔵規則並びに関係告示	海事局監修	28,350円
最新船員法及び関係法令	労政課監修	4,830円
最新 船舶職員及び小型船舶操縦者法関係法令	海技資格課監修	5,670円
最新船員労働関係法令集	船中労編	5,985円
最新海上交通三法及び関係法令	保安庁監修	4,830円
最新 海洋汚染等及び海上災害の防止に関する法律の法令	総合政策局監修	9,870円
最新水先法及び関係法令	海事局監修	3,780円
船舶からの大気汚染防止関係法令及び条約	安全基準課監修	4,830円
最新海難審判法及び関係法令	海難審判庁監修	1,470円
最新港湾運送事業法及び関係法令	港湾経済課監修	3,990円
英和対訳 1995年STCW条約［正訳］（二訂版）	海事局監修	18,900円
英和対訳 国連海洋法条約［正訳］	外務省海洋課監修	7,350円
英和対訳 2006年ILO海事労働条約（仮訳）	海事局監修	4,830円
船舶油濁損害賠償保障関係法令・条約集	日本海事センター編	6,930円

❖法令解説❖

概説 海事法規	神戸大学編	5,250円
海上交通三法の解説（改訂版）	巻幡・有山共著	4,620円
四・五・六級海事法規読本	藤井・野間共著	3,150円
ISMコードの解説と検査の実際―国際安全管理規則がよくわかる本―（三訂版）	検査測度課監修	7,980円
船舶検査受検マニュアル	海事局監修	4,830円
船舶安全法の解説（増補4訂版）	有馬・上村・工藤共編	5,670円
国際船舶・港湾保安法及び関係法令	政策統括官監修	3,150円
図解 海上交通安全法（六訂版）	保安庁監修	2,730円
海上交通安全法100問100答（二訂版）	保安庁監修	3,570円
図解 海上衝突予防法（八訂版）	保安庁監修	2,310円
海上衝突予防法100問100答（二訂版）	保安庁監修	2,520円
港則法100問100答（3訂版）	警察部航行安全課監修	2,310円
海洋汚染及び海上災害の防止に関する法律の解説	海洋汚染・海上災害防止研究会編	3,990円
海洋法と船舶の通航（改訂版）	日本海事センター編	2,730円
体系海商法（二訂版）	村田著	3,570円
CGコミック海上衝突予防法	岩瀬監修・鈴木絵	2,520円
船舶衝突の裁決例と解説	小川著	6,720円
内航船員用海洋汚染・海上災害防止の手びき―未来に残そう美しい海―	日海防編	3,150円
海難審判裁決評釈集	21世紀総合事務所編	4,830円

平成24年1月現在　　　定価は5％税込です。

定価変更の場合もあります　　　成山堂の海事関係図書　　　総合図書目録無料贈呈

❖海運・港湾・流通❖

❖海運実務❖

書名	著者	価格
外航海運概論(七訂版)	森編著	3,780円
設問式 定期傭船契約の解説(改訂版)	松井著	5,250円
海運実務シリーズ③用船契約の実務的解説(新訂版)	大木著	4,620円
新・傭船契約の実務的解説	谷本・宮脇共著	6,510円
日本人船員よどこへ行く —新しい船員像をさぐる—	佐藤著	3,780円
フィリピン人船員と危機管理	大野著	3,570円
外国人船員の労務管理	大野著	3,780円
LNG船がわかる本(増補改訂版)	糸山著	3,990円
LNG船の核心	糸山著	2,730円
LNG船運航のABC	日本郵船LNG船運航研究会著	2,940円
LNG船・荷役用語集	ダイアモンド・ガス・オペレーション㈱編	5,880円
内航タンカー安全指針〔加除式〕	内タン組合編	9,450円
海上コンテナ物流論	山岸著	2,940円
コンテナ船の話	渡辺著	3,570円
コンテナ物流の理論と実際 —日本のコンテナ輸送の史的展開—	石原・合田共著	3,570円
載貨と海上輸送(改訂版)	運航技術研編	4,620円

海上貨物輸送論

海上貨物輸送論	久保著	2,940円
国際物流のクレーム実務 —NVOCCはいかに対処するか—	佐藤著	6,720円

❖海難・防災❖

船舶安全学概論(改訂増補版)	船舶安全学研究会著	2,940円
海からのサバイバルメッセージ	野間著	1,890円
ヒヤリハット200と事故防止	住友金属物流編	3,780円
危険物防災救急要覧(2006年新訂版) —CD-ROM付—	神戸海上防災編	31,500円
海の安全管理学	井上著	2,520円

❖海上保険❖

書名	著者	価格
国際貨物海上保険実務(三訂版)	加藤著	3,885円
海上リスクマネジメント(改訂版)	藤沢・横山・小林共著	5,880円
貨物海上保険・貨物賠償クレームのQ&A	小路丸著	2,730円

❖液体貨物❖

石油類 密度・質量・容量換算表	本荘・小川著	21,000円
液体貨物ハンドブック	日本海事検定協会監修	3,059円
石油と液化ガスの海上輸送 —タンカーの営業実務—	タンカー研究会著	8,400円

■油濁防止規程	内航総連合発行
150トン以上200トン未満タンカー用	1,050円
200トン以上タンカー用	1,050円
400トン以上ノンタンカー用	840円

■有害液体汚染・海洋汚染防止規程	内航総連合発行
有害液体汚染防止規程(150トン以上200トン未満)	1,260円
(200トン以上)	1,260円
海洋汚染防止規程(400トン以上)	1,260円

❖港 湾❖

港湾管理理論(四訂版)	市來著	2,520円
港湾知識のABC(十訂版)	池田著	3,570円
港湾実務の解説(六訂版)	田村著	3,990円
港運がわかる本(三訂版)	天田著	3,465円
港湾荷役のQ&A	港湾荷役機械システム協会編	3,780円
現代日本経済と港湾	小林・澤・香川・吉岡共編著	2,940円
倉庫業及び港湾産業概論	三木共著	4,200円
新訂 倉庫業のABC	加藤著	2,730円
現代港湾の異文化の賑わい	山上著	2,625円
港の法理論と実際	木村著	3,780円
研究者たちの港湾と貿易	三村・小林・照屋共著	3,360円

❖流 通❖

シベリア・ランドブリッジ	辻著	2,520円
国際物流の理論と実務(四訂版)	鈴木著	2,730円
新時代の物流経済を考える	柴田著	2,730円
すぐ使える実戦物流コスト計算	河西著	2,100円
現代物流概論(2訂版)	國領編著	2,940円
高崎商科大学叢書 流通情報概論	高崎商科大学編	2,940円
高崎商科大学叢書 新流通・経営概論	高崎商科大学編	2,100円
変貌する産業とロジスティクス	ジェイアール貨物リサーチセンター著	2,730円
激動する日本経済と物流	ジェイアール貨物リサーチセンター著	2,100円
フェリー航路は自動車道路	風呂本著	3,570円
ビジュアルでわかる国際物流(2訂版)	汪著	2,940円
よくわかる基本貿易実務	宮本著	4,410円
貿易物流実務マニュアル	石原著	8,820円
物流セキュリティ時代	孫工監修・鳥居・早川編著	1,575円
新・中国税関実務マニュアル	岩見著	3,465円
ヒューマン・ファクター —航空の分野を中心として—	黒田監修・山内・田村著	5,040円
航空の経営とマーケティング	スティーブン・ショー／山内・田村著	2,940円
国際物流のためのISO 28000入門	渡邉著	1,260円
進展する交通ターミナル	柴田・土居・岡田共著	2,730円

平成24年1月現在　　　定価は5%税込です。

定価変更の場合もあります　　　成山堂の海事関係図書　　　総合図書目録無料贈呈

❖航　海❖

書名	著者	価格	書名	著者	価格
ブリッジチームマネジメント －実践航海術－	萩原・山本監修 BTM研究会訳	2,940円	航海計器シリーズ①基礎航海計器(改訂版)	米沢著	2,520円
ブリッジ・リソース・マネジメント	廣澤訳	3,150円	航海計器シリーズ②新訂 ジャイロコンパスと増補 オートパイロット	前畑著	3,990円
航海学(上)(四訂版)	辻著	4,200円	航海計器シリーズ③電波計器(五訂増補版)	西谷著	4,200円
航海学(下)(四訂版)	辻著	4,200円			
航海学概論	鳥羽商船高専ナビゲーション技術研究会編	3,255円	船用電気・情報基礎論	若林著	3,780円
航海応用力学の基礎	和田著	3,780円	航海当直用レーダープロッティング用紙	航海技術研究会編	2,100円
海事一般がわかる本	山崎著	2,940円	操船通論(八訂版)	本田著	4,620円
平成19年練習用天測暦	航技研編	1,575円	操船の理論と実際	井上著	4,620円
新訂海図の知識	杏名他著	10,290円	操船実学	石畑著	5,250円
15号16号海図と問題の解き方	板谷著	2,520円	曳船とその使用法(二訂版)	山縣著	2,520円
初心者のための海図教室	吉野著	1,890円	旗と船舶通信(六訂版)	三谷・古藤共著	2,520円
四・五・六級航海読本	板谷・藤井共著	3,780円	図解 ロープワーク大全	前島著	3,780円
最新運用読本	板谷・藤井共著	3,780円	図解 実用ロープワーク(増補三訂版)	前島著	2,310円
船舶運用学のABC	和田著	3,570円	ロープの扱い方・結び方	堀越・橋本共著	840円
電波航法(三訂版)	飯島・今津共著	2,730円	How to ロープ・ワーク	及川・石井・亀田共著	1,050円

❖機　関❖

書名	著者	価格	書名	著者	価格
機関科一・二・三級執務一般	細井・佐藤・須藤共著	3,780円	ガスタービンの基礎と実際(三訂版)	三輪著	3,150円
機関科四・五級執務一般	海教研編	1,575円	制御装置の基礎(三訂版)	平野著	3,990円
機関学概論	大島商船高専マリンエンジニア育成会編	2,730円	新訂 舶用補機の基礎	重川・島田共著	5,460円
機関計算問題の解き方	大西著	5,250円	舶用ボイラの基礎(五訂版)	西野・角田・斉藤共著	5,880円
機関算法のABC	折目・升田共著	2,940円	新訂補助ボイラ及びその附属装置	矢井知・馬場共著	1,427円
初等ディーゼル機関(改訂増補版)	黒沢著	3,570円	機関取扱タブー集(二訂版)	水沼著	2,520円
舶用ディーゼル機関教範	長谷川著	3,990円	船の軸系とプロペラ	石原著	3,150円
舶用ディーゼル機関要説	西田・大西共著	2,730円	新訂金属材料の基礎	長崎著	3,990円
舶用エンジンの保守と整備(五訂版)	藤田著	2,520円	金属材料の腐食と防食の基礎	世利著	2,940円
小形船エンジン読本(三訂版)	藤田著	2,520円	最新燃料油と潤滑油の実務(三訂版)	冨田・磯山・佐藤共著	4,620円
初心者のためのエンジン教室	山田著	1,890円	エンジニアのための熱力学	刑部監修 角田・川原・斉藤共著	3,570円
蒸気タービン要論	角田・斉藤共著	3,780円	舶用機関事故例研究	日本郵船㈱安全環境グループ	3,150円
詳説舶用蒸気タービン(上)	古川・杉田共著	6,930円	Case Studies: Ship Engine Trouble	NYK LINE Safety & Environmental Management Group	3,150円
詳説舶用蒸気タービン(下)	古川・杉田共著	7,770円			

❖造船・造機❖

基本造船学(船体編)	上野著	3,150円	造船技術と生産システム	奥本著	4,620円
商船設計の基礎知識(改訂版)	造船テキスト研究会編	5,880円	地球環境を学ぶための流体力学	九大編	4,620円
船体構造力学(二版)	山本・大坪・角・藤野共著	3,150円	海洋構造物 －その設計と建設－	関田著	2,310円
船舶工学概論(改訂版)	面田著	3,570円	実践浮体の流体力学(前編) －動揺問題の数値計算法	造船学会海洋工学委員会編	4,200円
船型百科(上)－各種船舶の機能と概要－	月岡著	3,570円	実践浮体の流体力学(後編) －実験と解析	造船学会海洋工学委員会編	4,410円
船型百科(下)－各種船舶の機能と概要－	月岡著	3,570円			
新訂船と海のQ&A	上野著	3,150円	船舶海洋年鑑	日本船舶海洋工学会編	2,100円
超大型浮体構造物の構造設計	日本造船学会編	4,620円	海洋底掘削の基礎と応用	日本船舶海洋工学会編	2,940円
氷海工学 －砕氷船・海洋構造物設計・氷海環境問題－	野澤著	4,830円	流体力学と流体抵抗の理論	鈴木著	4,620円
船のメンテナンス技術(三訂版)	船のメンテナンス研究会編	3,780円	海構造力学の基礎	吉田著	6,930円
英和版船体構造イラスト集(新装版)	惠美著・作画	3,990円	SFアニメで学ぶ船と海	鈴木・逢沢著	2,520円

平成24年1月現在　　　　　　　　　定価は5％税込です。

定価変更の場合もあります　　　成山堂の海事関係図書　　　総合図書目録無料贈呈

❈海洋工学・ロボット・プログラム言語❈

書名	著者	価格	書名	著者	価格
海洋物理学概論(四訂版)	関根著	2,100円	海と海洋建築 21世紀はどこに住むのか	前田・近藤・増田 共著	4,830円
海洋工学の基礎知識(二訂版)	元綱・熊倉・高橋 共著	4,830円	ロボット工学概論(改訂版)	中川・伊藤 共著	2,520円
海中技術一般(改訂版)	日本造船学会編	6,300円	UNIXとCプログラミング(三訂版)	小畑・猪股・益崎 共著	2,310円
海洋計測工学概論(改訂版)	田口・田畑 共著	4,620円	WindowsによるC⁺⁺プログラミング学習	小畑・島崎・矢野 共著	2,730円
海洋音響の基礎と応用	海洋音響学会編	5,460円	高潮の研究	宮崎著	2,520円
波浪学のABC	磯﨑著	2,940円	Mathematicaによるロボットアーム解析入門	中川著	7,350円

❈史資料・海事一般❈

❖史資料❖

復刻版 船舶百年史 (前篇)(後篇)	上野編	12,600円 / 14,700円
近代日本海事年表Ⅰ(改訂版)	近代日本海事年表編集委員会編	26,250円
近代日本海事年表Ⅱ	近代日本海事年表編集委員会編	8,610円
大和型船 —船体・船道具編—	堀内著	6,930円
鳥島漂着物語	小林著	2,520円
魏志倭人伝の航海術と邪馬台国	遠澤著	2,100円
幕末の蒸気船物語	元綱著	2,940円
鉄道連絡船100年の航跡(二訂版)	古川著	4,620円
ニシンが築いた国オランダ	田口著	2,310円
LNG船開発50年史	糸山著	2,730円
航海技術の歴史物語 —帆船から人工衛星まで—	飯島著	2,940円
海洋教育史(改訂版)	中谷著	3,990円
炉の歴史物語	杉田著	3,780円
新版日本港湾史	日本港湾協会編	37,800円
造船技術の進展	吉識著	9,870円
復刻版 海難論	斉藤著	9,870円
復刻版 日本商船隊戦時遭難史	海上労働協会編	8,820円
太平洋戦争 喪われた日本船舶の記録	宮本著	6,300円

❖海事一般❖

海洋白書 日本の動き 世界の動き	海洋政策研究財団編	2,100円
海が日本の将来を決める	村田著	2,310円
海上保安ダイアリー	海上保安ダイアリー編集委員会編	1,050円
全訂 船舶知識のABC	池田著	2,940円
海と船のいろいろ(三訂版)	商船三井広報室営業調査室編	1,890円
海の政治経済学	山田著	2,520円
海洋環境アセスメント(改訂版)	関根著	2,100円
ビジュアルでわかる船と海運のはなし(改訂増補版)	拓海著	2,520円
(和英対訳)船の料理人が選ぶ和食の定番	商船三井船舶部広報室編	3,675円
水中考古学への招待(改訂版)	井上著	2,100円
気がついたら水中考古学者	井上著	1,890円

書名	著者	価格
近代日本交通史 9 水の都と都市交通	三木著	2,520円
乗り物の博物館	松澤著	1,890円
帆船6000年の歩み	松田訳	2,940円
世界帆船画集 —波濤を越えて	東 画・文	4,830円
写真集 世界の新鋭クルーズ客船	府川編著	9,030円
世界の灯台	国際航路標識協会編	5,040円
大航海時代の風雲児たち	飯島著	3,150円
北朝鮮工作船がわかる本	海上治安研編	1,470円
宇高連絡船 紫雲丸はなぜ沈んだか	萩原著	1,890円
阿波丸撃沈 —太平洋戦争と日米関係—	川村訳・郵船資料館監訳	2,730円
新訂 タイタニックがわかる本	髙島著	1,995円
海のパイロット物語	中之薗著	2,730円
調査捕鯨母船 日新丸よみがえる	小島著	2,205円
南極観測船ものがたり	小島著	2,100円
しらせ —南極観測船と白瀬矗—	小島著	2,940円
観光船 讃岐丸物語	萩原著	1,470円
海事レポート	国交省著	2,100円
人魚たちのいた時代 —失われゆく海女文化—	大崎著	1,890円
世界一周游学クルーズ	増田著	1,890円
一人でも大丈夫♪快適・安心山歩き術	中 著	1,890円
四国八十八ヶ所霊場めぐり切り絵集	萩原画・文	3,150円

平成24年1月現在　　　— 4 —　　　定価は5%税込です。

定価変更の場合もあります　　　成山堂の海事関係図書　　　総合図書目録無料贈呈

■交通ブックス

204	七つの海を行く－大洋航海のはなし－(改訂増補版) 池田著	1,890円
205	海上保安庁 船艇と航空 徳永・大塚共著	1,575円
208	新訂 内航客船とカーフェリー 池田著	1,575円
211	青函連絡船 洞爺丸転覆の謎 田中著	1,575円
212	日本の港の歴史－その現実と課題－ 小林著	1,575円
213	海難の世界史 大内著	1,575円
214	現代の海賊－ビジネス化する無法社会－ 土井著	1,575円
215	海を守る 海上保安庁 巡視船(改訂版) 邊見著	1,890円
216	現代の内航海運 鈴木・古賀共著	1,575円
217	タイタニックから飛鳥Ⅱへ －客船からクルーズ船への歴史－ 竹野著	1,890円
218	世界の砕氷船 赤井著	1,890円

❖受験案内❖

海事代理士合格マニュアル(三訂版)	日本海事代理士会編	3,780円
自衛官への道	防衛協力会編	1,365円
海上保安庁の仕事	海上保安庁の仕事編集委員会編	1,050円
海上保安大学校・海上保安学校への道	海上保安協会監修	1,890円
自衛官採用試験問題解答集	防衛協力会編	4,830円
気象予報士試験精選問題集	気象予報士試験研究会著	2,940円
海上保安大学校・海上保安学校 採用試験問題解答集－その傾向と対策－	海上保安入試研究会編	3,360円
海上保安大学校・海上保安学校 採用試験実戦問題集－その傾向と解説－	海上保安入試研究会編	3,360円

❖教　材❖

位置決定用図(試験用)	成山堂編	105円
天気図記入用紙	成山堂編	525円
練習用海図(15号・16号)	成山堂編	各158円
練習用海図(150号・200号)	成山堂編	各105円
練習用海図(150号/200号 両面刷)	成山堂編	210円
灯火及び形象物の図解	航行安全課監修	368円
灯火及び形象物の図解(英語版)	佐藤監修	483円
海技免状再交付申請書	成山堂編	263円
登録事項(海技免状)訂正申請書	成山堂編	263円

❖試験問題❖

一・二・三級海技士(航海) 口述試験の突破(七訂版)	藤井著	5,880円
二級・三級海技士(航海) 口述試験の突破(航海)	平野・岡本共著	2,520円
二級・三級海技士(航海) 口述試験の突破(運用)	堀・浅木共著	2,520円
二級・三級海技士(航海) 口述試験の突破(法規)	船長養成協会編	3,570円
四級・五級海技士(航海) 口述試験の突破(五訂版)	船長養成協会編	3,780円
機関科 一・二・三級 口述試験の突破(二訂版)	坪著	5,880円
機関科 四・五級 口述試験の突破(改訂版)	坪著	4,620円
六級海技士(航海)筆記試験の完全対策	望月編・著	2,730円
四・五・六級海事法規読本	藤井・野口共著	3,150円
ステップアップのための 一級小型船舶操縦士試験問題 [模範解答と解説](2訂版)	片寄著	2,100円

■定期速報版　一級・二級・三級海技士試験問題解答
　　　　　　(2，4，7，10月定期試験)

航海科	1,680円
機関科	1,680円

■最近3か年シリーズ(問題と解答)

①一級海技士(航海)800題	3,150円
②二級海技士(航海)800題	3,150円
③三級海技士(航海)800題	3,150円
④四級海技士(航海)800題	2,310円
⑤五級海技士(航海)800題	2,310円
⑥一級海技士(機関)800題	3,150円
⑦二級海技士(機関)800題	3,150円
⑧三級海技士(機関)800題	3,150円
⑨四級海技士(機関)800題	2,310円
⑩五級海技士(機関)800題	2,310円

平成24年1月現在　　　定価は5％税込です。